Focal Press
Taylor & Francis Group

Light | Science & Magic

美国摄影用光教程（第5版）

AN INTRODUCTION TO PHOTOGRAPHIC LIGHTING

[美] Fil Hunter, [美] Steven Biver, [美] Paul Fuqua 著

杨健 王玲 译

U0390197

人民邮电出版社

北京

译者序言

正如摄影理论家顾铮在《美国新闻摄影教程》（第4版）"序言"中所言，一种专业教材必然要随本专业的各种变化而变化，它本身应该是一种动态的、有着自身生命的事物。它要不断反映本专业的现状与变化过程，反映作者本身对于本专业学理上的思考与最新的学术成果。在这个意义上，《美国摄影用光教程》（第5版）作为一种技术类教材，正反映了本行业的最新成果，也反映了编著者与时俱进的发展意识。

自第1版面世以来，《美国摄影用光教程》已经走过近30年时光。它以系统深入、清晰易懂、不断更新、针对性强的特点，成为许多专业摄影师与业余爱好者的书架必备书目。与当前流行的一些摄影教材相比，除了图例丰富、讲解详细，本书还有两个显著的特点。首先，它强调对光线特性及基本用光原理的认识。例如，第1章中讲到的三大用光原理，涉及三个重要用光概念：光源面积、反射类型、角度范围。其后介绍的各种用光方式莫不是从这三大原理演变而来。如果对这三大原理、三个概念吃深吃透，做到灵活运用，无论遇到何种困难的被摄体，也能得心应手地进行布光，获得理想的效果。这不是"授人以鱼"式的依样画葫芦，而是"授人以渔"式的举一反三、自由扩展。

其次，它非常注重知识的系统性传授。这一特点当然是由上一特点延伸而来。因为三大用光原理始终贯穿全书各章，在讲授每一类物品的布光方式时，都紧扣这几个原理而展开。尤其是"角度范围"，可以称为本书的一个特色概念。借助这一概念，读者会发现许多头疼的用光问题迎刃而解，变得简明清晰，而且可以轻松地触类旁通加以应用。本书的系统性还在于其由易而难、由浅入深、由简单而复杂，并选择最典型的被摄体作为案例进行演示，比如金属制品和玻璃制品。由于以上提及的特点，《美国摄影用光教程》不仅适合摄影爱好者学习使用，更适合作为摄影专业学生的入门教材。事实上，自本书中文版出版以来，据我所知，它已经被不少摄影专业院校选为摄影用光类教材或参考书。

本书第5版在上一版的基础上做了不少改进。全书论述更为简洁，结构更为紧凑。不仅去除了一些过时的内容，也增添了不少新内容，如增加了第11章。全书照片经过了大幅修订，许多图例都经过重新拍摄，具有更强的针对性。有关器材领域的新进展同样体现在这一版中，比如增加了对LED类和荧光灯的介绍，等等。

值得提醒的是，本书所介绍的摄影用光主要指人工光的运用，基本不涉及自然光。在有的人看来，这或许是本书的不足。但事实上，一个真正掌控了人工光源的摄影师，是无论如何也不惮于自然光的运用的。

本书是在繁重的教学工作之余修订翻译的。感谢我的两个研究生臧晋玉、严静所做的校对工作。由于时间仓促，水平有限，不足之处在所难免，还请广大读者多多批评指正！

杨健于念四斋

关于本书

摄影用光是一个永远不会过时的话题，无论照相机多么复杂、其他摄影技术发展到何种程度。即便拥有最高端的器材，为了获得出色的照片，摄影师仍然需要在摄影用光方面绞尽脑汁。这一关键技能具有快速且显著地提升照片质量的能力。

《美国摄影用光教程》以丰富的案例和实践指导，为您全面提供有关光线的特性和用光原则的理论。本书既有照片、示意图，也有一步步的详细说明，适用于不同层次的摄影师。对于如何为那些最为困难的被摄体——如各种性质的表面、金属体、玻璃制品、液体、极端情形（黑对黑和白对白）、人像等——进行用光，本书均提供了极为宝贵的信息。

新版本包括：

- 全新章节"建立第一个摄影棚"
- 经过修订和扩充的第8章"表现人物"
- 超过100张新照片和信息栏
- 更新了有关闪光灯、LED灯板和荧光灯的最新信息

用光方式日新月异，但光线特性始终如一。摄影师一旦掌握了用光的基本原理，他们就可以将这一知识应用于更加宽广的摄影风格中。

关于作者

Fil Hunter是一位备受尊敬的商业摄影师，专门拍摄用于广告和杂志插图的静物和特效照片。在超过三十年的职业生涯中，他的客户包括美国在线（America Online，AOL）、美国新闻（US News），《时代－生活》图书公司（Time-Life Books），《生活》杂志（Life Magazine，27次封面）、美国国家科学基金会（National Science Foundation）和美国《国家地理》杂志（National Geographic）。他在大学里教授摄影，并为许多摄影出版物担任技术顾问。Hunter先生曾三次赢得"弗吉尼亚专业摄影师大奖"。

Steven Biver是一名专业商业摄影师，拥有超过二十年的从业经验，专攻肖像、静物、摄影蒙太奇和数字制作。他的客户名单包括强生公司（Johnson & Johnson）、美国农业部（USDA）、威廉和玛丽学院（William & Mary College）、康泰纳仕集团（Condé Nast）和IBM。他曾荣获Communication Arts、Graphis、HOW杂志和Adobe公司的诸多奖项，Adobe公司将他的作品纳入Photoshop附赠光盘，以激励其他摄影师。他也是《人像摄影艺术》的合著者，这是由Focal Press出版社出版的另一本图书。

Paul Fuqua是一名从业经验超过35年的杂志摄影师和野生动物摄影师。他在1970年成立了自己的制作公司，致力于利用视觉材料进行教学。他在法律、公共安全、历史、科学和环境等不同领域都编写并制作了教育和培训材料。在过去的十年里，他已经摄制了关于处理自然科学和全球栖息地管理需要的教学材料。Paul也是Focal Press出版社出版的《人像摄影艺术》的合著者。

献辞

我们把这本书献给我们的朋友和合作者Fil Hunter。本书在极大程度上反映了他开拓性的视野。

正当本书出版之际，Fil在经历了与恶疾漫长而曲折的斗争后不幸去世。我们将和摄影界的其他人一样，永远怀念他。

Steven Biver 和**Paul Fuqua**

特别感谢

我要感谢Leah Bassett（发型和化妆）、Nicolette Steele、Brynn Tucker、Mike Jones、Tessa Biver、Mark Romanoff、Mike Harvey、Jade Biver、Nigel Biver、Union 206 摄影棚、已故的Vance Bockis、Adonis、Quiterio以及Focal Press出版社的朋友们。我还要感谢我亲爱的家人对我的全力支持。

Steven Biver

将感激和永恒的赞美献给Robert Yarbrough——一名诲人不倦的老师。

Paul Fuqua

前言

用光是摄影的核心技术。与一些摄影师同事不一样，我们不会过于极端，声称"没有出色的用光，就不会有出色的照片"，然而，我们确信这一论断基本上是靠谱的。

这正是我们写作本书第一版的原因。在第1版中，我们想以清晰的、易于理解的方式提出一些关键的用光概念。在第5版中，我们的目标一以贯之。

重要的是要明白，这不是一本通常意义上的关于"如何去做"的书。在本书中，我们即使有，也是很少建议合适的镜头光圈、快门速度、闪光灯设置或诸如此类的其他信息——这些信息通常是目前流行的"食谱"式用光教学法的重要内容。如果寻求的是这类内容，那么你必须另请高明了。（就我个人而言，我会推荐由Scott Kelby编写的优秀的《数码摄影手册》系列图书。）

另一方面，如果你想了解光线的基本性质，学习如何将它的关键特性应用于任何外景或拍摄环境中的任何类型的被摄体，我们认为这是一本合适的书。在本书中，我们提出了一个摄影用光的总体性方法。应用这一方法可以让你明白，为什么一个被摄体在特定的照明下会呈现特定的外观，并且使你学会如何运用这一能力来精确地获得你想要的照片。

本书中部分章节还涉及如何处理在使用热靴式闪光灯和类似闪光灯中遇到的特殊问题，并且对那些准备建立自己的第一个摄影棚的读者提出建设性意见。

目录

第1章　光线：摄影之始

第2章　光：摄影的原料

第3章　反射与角度的控制

第4章　表现物体的表面

第9章 极端情形下的用光

第8章 表现人物

第1章　光线：摄影之始

　　本书并非是一种说教，而是对摄影用光的探讨。在探讨时你可以把自己对艺术、美和美学的个人观点加入其中。我们无意改变你的观点，甚至不想过多地影响你的看法。如果读了本书之后，你的摄影作品跟我们的作品差不多的话，我们只会感觉枯燥无趣而非受宠若惊。因为无论优劣，你必须基于自己的视角来创作摄影作品。

　　我们要做的就是为你提供一套创作工具。本书介绍了在摄影用光时需要用到的技术、原理和相关的基础知识，并且教你如何在实践中加以运用。然而，这并不意味着本书没有介绍摄影观念，因为它确实谈到了许多观念。

　　用光的基本工具是原理，而非器材。正如莎士比亚的工具是伊丽莎白一世时期的语言，而非鹅毛笔。未能掌握用光技法的摄影师就像只会讲环球剧院里的观众所使用的语言的莎士比亚。对于莎士比亚来说，他或许还会创作出精彩的剧作，但是他必须付出比常人更多的劳动，还需要大多数人所不敢奢望的运气。

用光是摄影的语言

　　用光的方式蕴含了和言语一样明晰的信息，光线所传达的信息清晰而具体。其中包括一些判断性的陈述，例如"树皮很粗糙"、"这个器皿是不锈钢的，那个是纯银的"。

　　和其他语言一样，摄影用光有自身的语法和词汇，优秀的摄影师需要学习这些语法和词汇。所幸掌握摄影用光比掌握一门外语要简单得多，这是因为建立摄影规则的是物理，而非社会上的各种奇思妙想。

　　本书所说的工具就是用光的语法和词汇。我们提及的某项具体技术只是对证明用光原理具有重要意义。请注意，无需记住本书中的用光示意图。

　　如果按示意图的指示把灯具放在完全相同的点上，仍有可能拍出一张糟糕的照片——特别是被摄对象与示意图中的对象不同时。但在学完本书介绍的用光原理之后，你也可以用几种本书未曾涉及，甚至从未想过的用光方法拍摄相同的被摄体。

何为用光"原理"

　　对于摄影师而言，用光的重要原理是能够预见光线的效果，其中有些理论非常奏效。也许你会感到惊奇：这些理论虽然只有寥寥几条，并且简单易学，却能解释很多

11

问题。

我们将在第2章和第3章详细讨论这些基本原理。这些原理同样适用于其他被摄对象的拍摄。在下面的章节中，我们会运用这些原理来拍摄各种对象。这里我们简单归纳如下：

1. 光源的有效面积是摄影用光中唯一重要的决定性因素。它决定了所产生的阴影类型，也可能会影响反射的类型。

2. 任何表面都有可能产生三种类型的反射：直接反射、漫反射、偏振反射。反射类型决定了物体的外观。

3. 有些反射只有在光线从特定角度上投射到物体表面时才会发生。在确定何种类型的反射最为重要后，特定的角度范围决定了光源应该设置在何处或者不应该设置在何处。

请认真思考以上原理。如果你认为用光是一门艺术，这是完全正确的——但用光同时也是一门技术，即使是蹩脚的艺术家也能够很好地学习并掌握用光技术。这是本书中最重要的观念。如果你随时随地地关注这些概念，你会发现它们将不断提醒你可能忽略或我们忘记提及的任何细节。

拍摄中的用光

图1.1这四幅照片——完全不同的照片——是许多各不相同的用光图例中的一小部分，摄影师在拍摄这些照片时均运用了光线，无论是在摄影棚还是在户外。

拍摄者：Steven Biver

拍摄者：Steven Biver

拍摄者：Mark Romanoff

拍摄者：Paul Fuqua

图1.1　不同摄影师运用光线的几个图例。

原理的重要性

上面提到的三大原理都是亘古不变的物理定律，与风格、品位或时尚无关。这些原理具有永恒价值，因而在实践中发挥出巨大作用。

比如，不妨考虑一下如何将其应用于肖像摄影。1952年的代表性肖像作品跟1852年或者2012年的大部分肖像作品风格迥异。但是请牢记一点：懂得用光的摄影师对任何一种风格均能运用自如。

第8章介绍了肖像摄影中几种有效的用光方式，但有些摄影师不愿意采用这套方法，20年后这样做的人甚至会更少。我们不介意你是否运用我们演示的用光方法拍摄肖像。

然而，我们非常关心你是否充分理解我们用光的方法和原理。这些用光的方法和原理是进行自由创作的基础。出色的工具不会限制一个人创作的自由，它们只会使自由创作成为可能。

优秀的摄影作品需要规划，而用光是规划的关键部分。因此，完美用光的最重要的部分始于打开第一盏灯之前。规划也许需要许多天的时间，也许发生在按下快门前的几分之一秒。何时规划、规划多久并不重要，但是必须有规划。大脑思考得越多，需要双手做的就越少。

理解了上文提到的这些原理，我们能够在设置灯光前就知道灯具应该放置的位置。这是很重要的工作，剩下的就是对灯具进行微调了。

本书如何选择图例

肖像只是我们讨论的几种基本摄影对象之一，我们选择每种被摄体来阐释基本用光原理的各个方面。我们通过被摄体来演示这些原理，不论是否还有更好的用光方法。如果掌握了这些基本原理，你就能够无需我们的帮助独自发现其他方法。

这意味着你至少应该对每个具有代表性的被摄体加以留意。即使你对其中某个被摄对象缺乏兴趣，但它也有可能与你想要拍摄的事物有关。

我们还选择了一些据说是非常难以表现的拍摄对象。缺乏拍摄此类题材技巧的人们通常会散布这种言论，本书将为你提供拍摄技巧来粉碎这些谣言。

此外，我们尽可能地在摄影棚中拍摄图例，但这并不意味着本书内容只局限于摄影棚用光。远非如此！光线的特性在哪里都是相同的，不论是在摄影师、建筑设计师还是上帝的控制下都是一样的。你可以在任何天气条件下，在一天中的任何时间像本书一样进行室内实验。此后，当你置身于美景中、一座公共建筑或者一个新闻发布会上运用相同的用光技巧时，你会意识到这个问题，因为你曾经见过同样的情况。

最后，我们尽可能地选择简单的拍摄图例。如果你正在学习摄影，那么你可以在起居室或者老板的摄影棚中练习一段时间，直到掌握为止；如果你正教授摄影，你会发现在课堂上足以完成这些演示。

需要这些训练吗

如果你正在学习摄影，又缺乏任何正规指导，建议你尝试书中介绍的所有基本案例。不要不求甚解，对于用光而言，思考固然是最重要的环节，但观察和动手同样重要。在本书指导下的实践过程能够将三者合而为一。

例如，我们在谈论柔和的阴影或者偏振反射时，你已经知道它们的外观了。它们在世界上不但存在，而且每天都能见到。但当你能够自己设置这些光线时，你会更好地了解并掌握它们。

如果你是学生，课堂作业已经足够忙碌的了，我们并没有进一步的要求。你们的老师可能会用本书介绍的案例或者创作新的案例。无论采用何种方式，你都需要掌握本书中的原理，因为这些最基本的理论在所有用光环境下都会发生作用。

如果你是专业摄影师，正在尝试拓宽自身的专业领域，那么你会比我们更明白自己需要什么样的训练。通常，书中介绍的这些示例和你已经在拍摄的事物几乎毫无关系，也许你会觉得我们的例子过于简单，不足以构成挑战，那么去尝试更复杂的内容吧。给书中的图例添加出乎意料的道具，选择不同寻常的视角，或者增加特殊的效果，也许你能够从正在进行的工作中拍出惊世之作。

如果你是摄影教师，不妨翻翻本书。大多数的训练都至少提供了一种简单易用的用光方法，哪怕这些主题以难于表现著称，比如金属材料、玻璃制品、白中之白以及黑中之黑，等等。需要注意的是，尽管我们已经几乎拍摄过所有图例，也不能说明我们已经完全掌握所有用光方法。

例如，第6章的"不可见光"练习对于大多数初学者而言非常困难。有的学生可能会发现在第7章中提到的盛满液体的杯子后面有第二个背景，从而失去耐心。因此，如果发现本书中有任何你不能用眼睛和双手完成的事情，在你怀疑这些方法是否适用于你的学生之前，强烈建议自己先动手尝试一下。

需要何种类型的照相机

如果问经验丰富的摄影师"我需要什么样的照相机"似乎有点傻。但既然已经从事教学工作，我们深知许多学生都会问这个问题，我们必须回答。这个问题有两种答案，通常这两种答案会有些许矛盾之处，但每种答案的分量比答案本身更为重要。

成功的摄影作品更多地取决于摄影师而非摄影器材，缺乏经验的摄影师用熟悉的照相机能够拍出更好的作品，而经验丰富的摄影师用自己喜欢的照相机才能拍出好作品。这些人为因素有时比单纯的技术原理更能影响摄影作品的成功。

数码照相机是学习摄影的理想器材，因为在拍摄后可即时显示图片。同时，使用数码相机拍摄更为经济，而且如今数码相机的拍摄质量令人惊叹。本书中的图片几乎都是由数码相机拍摄完成的。

你自己决定该选择何种数码相机。幸运的是，大多数制造商都提供了价位适中的数码相机。你可以参考摄影杂志和网络上的评论；与其他摄影师进行交流；可能的话还可以跟懂行的数码相机销售员进行攀谈；摄影俱乐部也有很多良好建议可供参考；如果你还是一名学生，老师也能帮你选择既能满足摄影需求而又价格合理的照相机。

注意事项

无论如何，数码照相机的出现对学生而言都是一件无比美妙的事，然而它并不必然带来双赢的结果。任何数码相机归根结底都是一台电脑，因此，相机制造商能够在没有得到摄影师的指导和同意的情况下，通过设置相机程序来改变他们拍摄的照片！这是一件功德无量的好事情，依据我们的经验，一般而言照相机的决定都是准确的。然而，有时候却未必如此。

更大的问题在于不管好坏，学生很难知道作品是相机所作的决定还是摄影者操作的结果。也许是你犯的错误，但你认为是照相机的问题，错失一个学习的良机；也许照相机出错了，但你却以为是自己的错误而不断自责。

综上所述，我们提出如下建议：

1. 学习一点图片后期处理技巧。要想成为一名出色的数字摄影师，你无需做一个通晓Photoshop的天才，但你确实需要在大量的数字编辑软件（现在的价格通常也是不可思议的低）中至少选择一种基本软件进行学习。

2. 使用"手动"模式拍摄。这将避免照相机"帮助"你获得技术上完善的照片。不过按照这种方法操作的话，大部分拍摄决策将取决于你自己而不是照相机的计算机"大脑"。

3. 使用RAW格式进行拍摄。由于RAW格式文件在相机内的压缩程度极低，所以与经过转换的JPEG格式相比，能够存储更多照相机影像传感器上的图像信息。

因此，在进行精细的后期图像处理时，软件能够基于更多的数字信息进行操作，这会使图像质量得到巨大的改善。

遗憾的是，限于篇幅，本书并未对上述三个问题详细阐述。使用RAW格式拍摄时，你只需快速浏览一下"RAW格式优势"方框内的内容即可，更详细的信息请参看此话题的相关书籍。

如果你是一名学生，你可以向老师请教，讨论照片中存在的问题，补充这方面的知识。如果你是一名经验丰富的摄影师，你应该已经能够判断照相机何时能助你一臂之力，何时却在影响你的发挥。

对于还没入门的新手，未经正规指导学习本书中的知识将会是一个艰巨的任务。但我们可以保证的是，摄影学习者确实能够通过本书掌握摄影用光的方法。本书三名作者就是这样做的。应尽可能地与其他摄影师进行交流，勇于提问，并且学会将学到的方法与他人分享。

RAW格式优势

我们用RAW格式拍摄了图1.2。虽然还说得过去，但我们感觉这张照片影调范围不宽，色彩不够鲜明，换句话说，缺少"快照"所需的视觉冲击。

图1.2　这张多米尼加共和国农场男孩的照片使用RAW格式拍摄而成，未经任何后期处理。

图1.3　与图1.2为同一张照片，但是我们做了一些后期处理。

相比之下，图1.3中的年轻朋友更加突显，这是我们对这张照片做了一些后期处理的结果。由于使用RAW格式拍摄，我们有足够的自由度获得我们想要的色彩和反差。

图1.4是同一张照片的黑白版本。

图1.4　这是前一张照片的黑白版本，它也是我们使用RAW格式处理后得到的。RAW格式赋予我们充分的灵活性以生成这种黑白图像。

需要哪些用光设备

我们预料到你会问这个问题。这个问题可以从两个方面来进行解答：

1. 没有哪个摄影师拥有足够多的照明设备来圆满完成每一项任务。无论你有多少照明设备，你总会觉得不够。比如，假设你使用一套大型照明装置以1/5000秒、f/96进行拍摄（开灯前请通知消防部门），你还是可能发现某一阴影处需要更多的灯光，或者你可能发现需要照亮更大的区域才能满足构图需要。

2. 大多数摄影师拥有足够的设备，几乎可以圆满完成所有任务。即使你根本没有照明设备，也能完成拍摄工作。被摄对象可不可以在户外拍摄？如果不能，从窗户透进来的日光可能是不错的光源。白布、黑纸、泡沫板、黑胶带、铝箔之类廉价实用的工具跟那些最高级的设备一样，同样能帮你有效地控制日光。

如上所述，良好的照明设备会带来极大的便利，这一点毫无争议。如果在准备拍摄前天色已晚，以致无法拍摄，你可能得等到第二天太阳重新升起的时候，还得期盼着天空的云彩既不能太多也不能太少。专业摄影师知道在客户需要的时间拍摄客户需要的图片时，方便是第一位的。

但这一知识不是针对专业摄影师的，因为他们早已知道该如何做、需要什么、可利用的条件有哪些，我们现在更重视鼓励学生。你们有专业摄影师不具备的优势。你们没有过多的拍摄限制，可以自由地选择喜欢的拍摄对象。

小型场景所需光线较少。你不必拥有3英尺×4英尺（约0.9米×1.2米）的大柔光箱，60W台灯和用做柔光板的描图纸一样可以完美地拍摄小型物体。

缺少设备毫无疑问是个障碍，这一点我们大家都清楚。但这未必是一个不能克服的障碍，出色的创造力能够克服困难。记住，创造性的用光方法是你规划用光的结果。创造力意味着能够预见局限性并找到最好的工作方法。

还需了解什么

我们要求你了解基本的摄影技法。你应该了解如何进行合理的曝光，至少知道包围曝光能够掩盖错误，理解景深原理，掌握基本的相机操作方法。

这些已经足够。我们无意苛刻地检查你的背景材料，但保险起见，我们建议在阅读本书时手边准备一本基础摄影书籍（我们编写本书时也是这么做的）。因为我们不想在不知不觉的情况下使用你从未见过的专业术语，而使这本通俗易懂的书变得晦涩难懂。

最后，不要忽视网络的作用。网上有大量关于用光和摄影的重要信息。每一位摄影师，无论是高手还是初学者，花一点时间在网络上搜索信息都是值得的。

本书的奇妙之处

学习用光的原理和技巧，将助你开启奇妙之门！

2

第2章 光：摄影的原料

在某种程度上，与画家、雕塑家和其他类型的视觉艺术家相比，摄影师更像一名音乐家。这是因为摄影师和音乐家一样，将更多的兴趣用在操纵精神而不是物质方面。

当光线从光源发射出来，便是摄影开始之时。从书本反射过来的光线或显示器发出的光线刺激着人们的眼睛，令人兴奋。所有的步骤都属于控制用光的范畴——比如调整照明、记录光线，或者最终将其呈现给观众。

摄影，就其本质而言，就是对光线的控制。这种控制是否能够为艺术还是技术服务几乎无关紧要，两种目标通常是一致的。不论这种控制是物理的、化学的、电力的还是电子的，都是为了完成同样的任务，并且都是建立在对光线性质相同的理解基础之上的。

本章我们继续探讨光的问题，因为光是我们拍摄照片的原材料。你对我们即将探讨的大部分观点已经有所了解，这是因为从出生之日起你就一直在学习。即使你是新手，也已经在大脑里储存了足够多的有关光线性质的信息，这些足以让你成为摄影大师。

本章中，我们的目标是将这些下意识的或者半下意识的信息归纳为一些名词或概念，这样就能更轻松地和别的摄影师讨论光的问题了，就像音乐家说"降B调"或者"4/4拍"要比说"哼一个音阶"或者"打一个节拍"更方便一样。

本章是全书中最具理论性的一章，同时也是最为重要的一章，因为本章是所有后续章节的理论基础。

什么是光

光线性质的完整定义是非常复杂的。事实上，几次诺贝尔奖都颁给了为我们今天的工作做出不同贡献的人。在此我们将用一个适用于摄影领域的定义来简化我们的探讨，如果你读完这部分之后仍然觉得好奇，请参阅基础物理课本。

光是一种被称为电磁波的能量，电磁波是通过微小的光子"束"传播的。光子在静止时只有能量而没有质量。一个体积和大象一样大小的箱子里即使装满光子也不会产生任何重量。

光子的能量在其周围产生电磁场。电磁场是看不见的，除非在场内放置一个能够感受其力量的物体才能够检测到电磁场的存在。这些听起来非常神奇，我们不妨回想一个普通的例子：电磁场就是一块普通磁铁四周环绕的磁场。我们把一根钉子放在离磁铁足够近的地方便会感受到一种吸引力，否则我们将无法知道磁场的存在。接着磁场的作用变得更加明显：钉子被吸到了磁铁上。

然而，和磁铁周围的磁场不同，光子周围的磁场力并不是稳定不变的，而是随着光子的运动而起伏波动。如果我们能够看到场强的这种变化，那么变化应如图2.1所示。

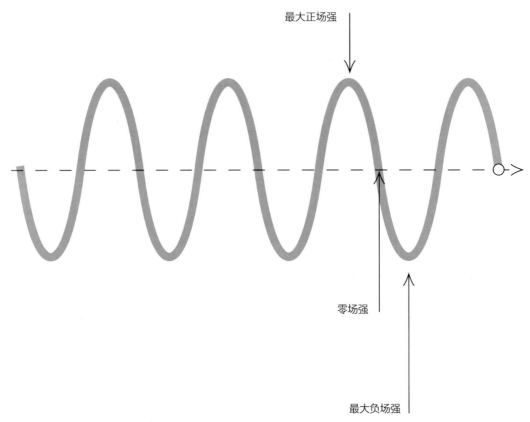

图2.1　在光子运动时，围绕光子的磁场会在最大正值和最大负值之间不停波动。电场的性质完全相同，但与磁场相位相异。当电场位于最大场强时，磁场正处于最小场强。

注意磁场强度从零到达最大正数值随后又回到零，然后又在负数方向重复刚才的模式。这就是光束周围的磁场不会像磁铁那样吸引金属的原因。光子周围的磁场一半时间是正的，另一半时间是负的，两种状态的平均电荷为零。

正如术语所表述的，"电磁场"既有电的成分也有磁的成分。每个成分都具有相同的波动形式：从零到正，到零，到负，重新归零。电力线与磁力线是相互垂直的。

如果我们用图2.1表示磁场，那么两者的关系就很容易理解了。把书转过来，让本书的底边对着你，这个图就代表电场。不论何时，磁场或电场的强度处于最大值时，另外一个场强正处于最小值，因此整个场强保持不变。

光子在空间的运动速度不变，但有些光子的电磁场波动会比其他光子的电磁场更快。光子的能量越大，波动就越快。人的肉眼能够看到光子能量水平和磁场波动的差别。

我们称这种差别所产生的效果为色彩（图2.2）。例如红色光的能量比蓝色光低，因此红色光的电磁场波动率大约只有蓝光的2/3。

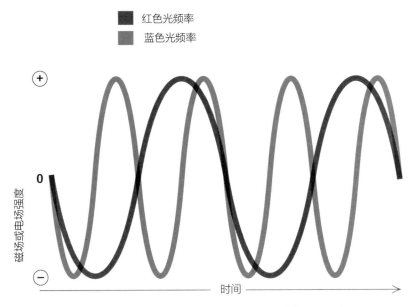

红色光频率
蓝色光频率

图2.2　电磁场波动率各不相同。肉眼将不同频率的电磁场识别成不同色彩。

　　我们称电磁场的波动率为频率，以赫兹（Hz）为单位来衡量，为方便起见，有时也使用兆赫（MHz）为单位（1MHz=1000000Hz）。赫兹是光在一秒钟内通过空间某一点的完整波长的数量。可见光频率只占全部电磁频率中的一个狭窄频段。

　　电磁辐射可以穿过真空，也可以穿过许多物质。例如，我们知道光能够穿过透明的玻璃。

　　电磁辐射与机械传送的能量并没有紧密的联系，例如声音和热量只能通过物质传播。（红外线与热量经常被混淆，因为两者总是相伴出现。）太阳光无需通过任何光纤线缆就能够到达遥远的地球表面。

　　与肉眼能够感知到的光线相比，现代照相机能够感知更大范围的电磁频率（图2.3）。这就是为什么一张风景照片可能会受到紫外线的影响而变糟，而我们的肉眼却不能看到这种情况的原因。更糟的是，胶片还会受到X射线的影响，但在机场我们却无法看到任何一台检测机发出的这种电磁波。

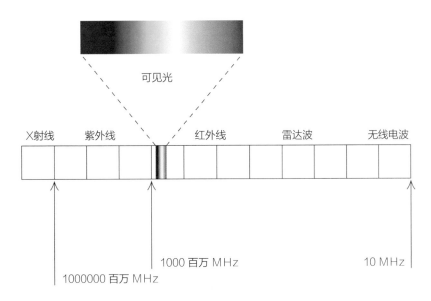

图2.3　该图为电磁光谱图，注意可见光只占其中一小部分。

摄影师如何描述光线

即使我们将注意力限定在电磁光谱的可见光部分，每个人都知道一组光子的效果可能与另一组完全不同。

不妨回想一下大脑中的景物印象，我们都能够说出秋日夕阳、焊弧和晨雾的区别。甚至在标准的办公场所，在哪里安装荧光灯、白炽灯或者大型天窗都会对房间的装饰风格产生重大影响（同样会影响该环境中工作人员的心情和工作效率）。

然而摄影师感兴趣的不只是特定用光效果的心理作用，他们需要对这种效果进行技术性描述。能够描述光线是控制光线的第一步。如果光线是不能被控制的，通常是因为出现在风光摄影或者建筑摄影中。在这种情况下，描述光线意味着对光线已经有了充分了解，知道是现在就按下快门还是等光线条件好一些的时候再进行拍摄。

作为摄影师，我们首先关注的是光线的亮度、色彩和对比度，在下文中我们将对它们分别加以简要介绍。

亮度

对摄影师而言，光源最重要的性质是亮度。光源亮度越高，对于摄影总是更为理想。退一万步讲，如果光线亮度不够，我们甚至无法得到一张照片。如果光线亮度高于我们必需的最低水平，那么我们就有可能获得更好的照片效果。

对于那些仍在使用胶片照相机的摄影师而言，如果有更充足的光线，就可以使用更小的光圈或者更高的快门速度。如果他们不需要或者不想要更小的光圈或者更短的曝光时间，那么充足的光线可以允许他们使用感光度更低、颗粒更细的胶片。无论哪种情况，图像质量都能够得到提升。

色彩

我们可以使用自己喜欢的任何色彩的光线，色彩鲜艳的光线通常会给摄影作品增加艺术效果。大多数照片都是在白色光线下拍摄的，然而，即便是所谓的"白色"光也会带有一系列不同色彩。

当光源大致由三种原色光——红光、蓝光、绿光——平均混合时才被认为是"白色"的。人类的肉眼认为这种混合光是无色光。

混合光中各种色光的比例有可能相差极大，然而人们却感觉不到任何差别，除非把不同光源挨个放在一起进行比较。肉眼能够识别色彩混合时的微小差别，但大脑却拒绝承认这种差别。只要各种原色光的数量处于一个合理范围，大脑就会认为"这种光线是白色的"。

和大脑一样，数字相机也会进行这种色彩的自动调节，但往往并不可靠。因此摄影师必须注意各种白色光源之间的差别。为了区别白光的色彩变化，摄影师从物理学家那里借用色温这个单位对色光进行计量。

色温以我们在真空中加热某种材料到一定温度时便会发光这一物理现象为基础，所发出的光线色彩取决于材料加热的程度。我们以开氏温度作为衡量色温的指标，其计量单位为开尔文（Kelvin），简写为K。

有趣的是高色温光源包含了大量被艺术家称之为"冷色"的色彩。例如，10000K的光源中含有大量的蓝色。同样，物理学家告诉我们，低色温光源由大量被艺术家称为"暖色"的色彩组成。因此，2000K的光通常为红黄色系（这种现象其实很平常，随便一个焊工都能告诉我们蓝白色的焊弧要比焊接的红热金属热得多）。

就传统而言，摄影采用三种标准光源色温。一种是5500K，称为日光色温，还有两种白炽光色温标准，分别为3200K及3400K。后两种光色差别较小，有时三者之间的差别也无关紧要。这三种光色标准是由胶片公司开发出来的，现在我们仍能够买到按照这三种光色标准进行色彩平衡的胶片。

数码相机在数据处理过程中通过调整不同色光的数值可提供更大的灵活性，从而能够拍摄出色彩平衡的照片。它不仅能够以三种标准色光中的任意一种色彩拍摄而得到色彩准确的照片，即使在低于3200K和高于5500K的色温下拍摄也同样可以。

对比度

摄影用光的第三个重要特性是对比度。如果光源以几乎相同的角度照射被摄体，那么它会产生较高的对比度。如果光源以许多不同的角度照射被摄体，那么将产生较低的对比度。

晴天时的日光就是最常见的高对比度光源。注意图2.4中所显示的光线相互之间都是平行的，这些光线以几乎相同的角度照射到物体上（尽管将三维空间置于平面纸张之上会引起角度的明显变化）。

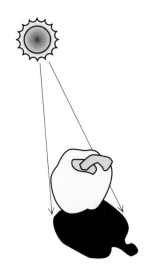

图2.4　来自小型高对比度光源的光线以几乎相同的角度射向物体，产生轮廓分明的硬质阴影。

识别高对比度光源最简便的方法是看是否出现阴影。我们看到图中的阴影部分没有光线，阴影的界限非常清晰明显。

在图2.5中我们使用了这种光源，注意辣椒后面清晰的、界限分明的阴影。边缘分明的阴影被称为硬质阴影，因此，高对比度光源也被称为硬质光。

图2.5　小型光源是产生边缘清晰的阴影的典型光源。

现在让我们想象一下当云层遮住太阳时会发生什么情况，请看图2.6。

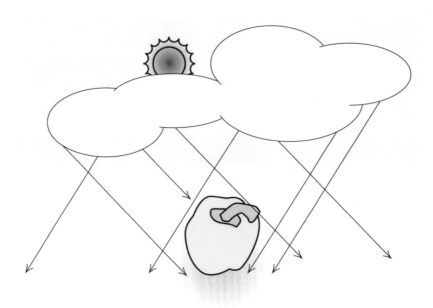

图2.6 云层散射了日光，使日光从不同角度照射被摄体，这就产生了大型光源所具有的软质阴影特征。

阳光在穿过云层时产生散射现象，致使穿过云层的光线从不同角度照射物体。因此阴天时的日光就变成了低对比度光源。

光源的对比度再次通过阴影的特点而显现出来。低对比度光源中有些光线会部分地照射到阴影处，尤其是边缘部分。这种差别在图2.7中非常明显。

图2.7 使用大型光源的结果是阴影柔和得几乎看不出来。

在使用低对比度光源的摄影作品中，辣椒的阴影不再是清晰可见的，阴影的线条也不再"生硬"。观者无法准确判定桌面的哪部分处于阴影当中，哪部分处于阴影之外。像这种边缘没有清晰界限的阴影称为软质阴影，产生软质阴影的光源被称为软质光。

注意，我们使用"硬"和"软"这样的词汇来描述阴影边缘的清晰程度，而不是将之用来描述阴影的明亮或黑暗程度。

软质阴影既可能比较亮，也可能比较暗，就像硬质阴影也可能比较亮或比较暗一样，这取决于阴影区域的表面性质以及周围物体反射进阴影部分的光量等因素。

对于单灯光源，光源的面积大小也是影响对比度的基本因素。小型光源总是硬质光源，而大多数大型光源都是软质光源。图2.4中的太阳只占据了画面上极小的面积，因此这是一个小型光源。而在图2.6中，云层覆盖的面积很大，因此变成了大型光源。

光源的实际大小并不能完全决定摄影光源的有效面积，理解这一点是非常重要的。例如，我们知道太阳的直径超过100万公里，但是它离地球太远了，对于地球上的被摄体而言只能作为小型光源。

如果把太阳移到离我们足够近的地方，那它就会成为一个巨大的光源。即使天空中没有一片云彩，在这种光源下我们也能获得软质光照明的照片了——假如我们有办法解决过热这一难题的话。

另一个比较极端的例子更具实用性：如果把实验室工作台上的台灯放在离昆虫标本特别近的地方，它也会成为有效的大型光源。然而需要注意的是，光源大小和对比度之间的关系具有普遍性，但并不绝对。

我们可以用专门的附件改变光源的光学特性，摄影师称之为"调光器"。例如，点光源附件能够会聚闪光灯发出的光线，网格可以阻断其他方向的光线而只保留一个狭窄角度的光线。如果不用这两种附件，光线可能会从许多不同的角度照射到被摄体上。不论光源的面积有多大，这些附件均会使其成为硬质光源。

照片的对比度

光线的对比度只是影响照片对比度的因素之一。如果你是一位经验丰富的摄影师，就能在低对比度光线条件下拍摄出高对比度的照片，反之亦然。

照片的对比度也取决于被摄体的构成、曝光等因素，如果使用胶片拍摄的话，还和显影有关。众所周知，包含黑色和白色被摄体的场景可能要比全是灰色被摄体的场景具有更大的对比度。不过即使在较低的光线对比度下拍摄完全是灰色被摄体的场景，也可以在后期使用图像处理软件的色阶或曲线调整功能提升画面的对比度。

曝光与对比度之间的关系稍显复杂。增加和减少曝光都能够降低一般景物的对比度。然而，增加曝光会增加深暗色被摄体的对比度，而减少曝光则有可能增加浅灰色被摄体的对比度。

我们将在本书中讨论用光与对比度之间的关系，在第9章将介绍曝光是如何影响对比度的。

光与用光

我们已经讨论了光的亮度、色彩和对比度，这些都是光的重要特性。然而，我们几乎还没有提及如何用光。的确，与光线本身相比，对于没有光线的情况——也就是阴影，我们还有更多的话要说。

阴影是场景中没有被主要光线照射到的区域，高光则是被光线照射到的区域。我们想要讨论高光区，但还没有准备好谈论这个话题。如果你看了上面的两张辣椒照片（图2.5和图2.7），你就会明白我们为什么这么说了。这两张照片的用光大相径庭，这从它们的高光区就能够看出区别。然而，尽管两张照片的高光区也是有区别的，大多数人却只注意到阴影区域的区别。

光线的运用有可能只决定阴影的形状特征，而对高光没有影响吗？图2.8和图2.9证明并非如此。

图2.8　小型光源在这个玻璃瓶上产生较小的硬质高光区。请将本图与图2.9中的高光区进行对比。

图2.9　我们使用大型光源拍摄，结果在瓶子上产生了较大的高光区。

　　图2.8中的玻璃瓶由高对比度的小型光源照明，而图2.9采用了柔和的大型光源。现在高光区的差别已经非常明显了。为什么不同对比度的光源会对瓶子上的高光区产生如此巨大的影响，却对辣椒几乎不起作用呢？正如例图中所示，用光的差别是由被摄体自身造成的。

　　我们需要重点掌握的是摄影用光远不止光线本身那么简单。用光探讨的是光线、被摄体和观者之间的关系，因此，如果我们想要谈论更多关于用光的话题，那么我们就必须讨论被摄体的特点。

被摄体如何影响用光

　　光子是移动的，而被摄体通常是静止的，这就是为什么我们总是把光看作摄影活动中"积极的"角色的原因。但这种态度会影响到我们"看"景物的能力。

　　相同的光线照射到两个不同的表面，无论对于肉眼还是照相机，其结果有可能截然不同。被摄体会改变光线，不同的被摄体会以不同的方式改变光线。被摄体在其中扮演了积极的角色，正如光子扮演积极角色一样。为了理解或控制用光，我们必须了解物体是如何改变光线的。

　　对于照射在它身上的光线，物体能够以三种方式作出反应：透射、吸收和反射。

光的透射

　　如图2.10所示，光线穿过介质被称为透射。洁净的空气和透明的玻璃是最常见的能够透射光线的介质。

　　观看光线透射的示意图用处不大。只透射光线的介质是看不见的，不以某种方式改变光线的物体也是看不见的。在光与物体之间的三种基本作用中，简单的透射在摄影用光的探讨中意义微乎其微。

　　然而，图2.10中的简单透射只有在光线垂直照射在玻璃表面的时候才会发生。在以任何其他角度照射时，光线的这种透射都会伴随光的折射现象。折射是光线从一种介质进入另一种介质时所发生的光路弯曲现象。

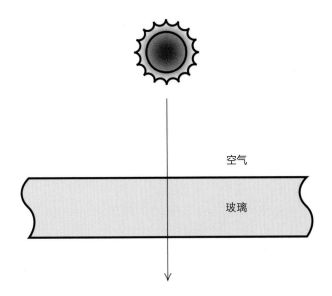

图2.10　光的透射。透明的玻璃和洁净的空气是常见的透射可见光的优良介质。

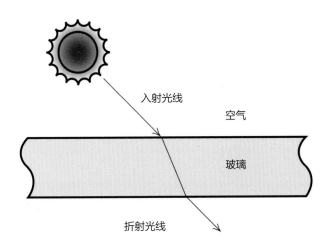

图2.11　光线从任何角度照射在透明材料上都会发生弯曲，这种弯曲被称为折射。对于密度较大的玻璃(如照相机镜头中的玻璃)光线的折射更为明显。

　　有的材料比别的材料更容易产生折射现象，例如，空气几乎不能折射光线，而照相机镜头使用的光学玻璃就能强烈地折射光线。图2.11演示了这一现象。

　　折射是由光在不同介质中传播的速度不同而产生的(光速在真空中为常量)。图2.11空气中的光线在进入密度较大的玻璃中时速度会减慢。

　　最先照射在玻璃上的光子速度最先变慢，而仍旧处于空气中的光子仍保持直线向前，从而造成光线的弯曲。然后，随着光子从玻璃中出来再次回到空气中后重新恢复原来的速度，光线会朝相反的方向第二次弯曲。

和简单的透射不同，折射可以被拍摄下来，这也是完全透明的物体肉眼看不到的原因之一。折射会使图2.12中的马提尼酒杯产生波状边缘。

图2.12　被前面的玻璃瓶折射后的鸡尾酒杯。

直接透射和漫透射

到目前为止我们已经讨论了直接透射，即光线以可以预想的路线穿过介质。光线在穿过白色玻璃和薄纸之类的介质时会以随机的、不可预知的方向四处扩散，这种光线的扩散现象被称为漫透射（图2.13）。

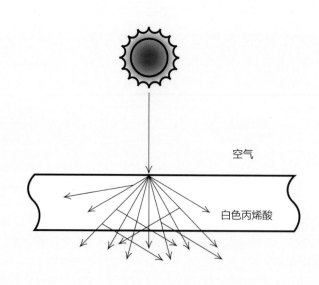

空气

白色丙烯酸

图2.13　光线穿过半透明介质时四处扩散的现象称为漫透射。

产生漫透射的介质被称为半透明介质，它们区别于不产生明显漫射的透明介质，如透明的玻璃。

当我们讨论光源时，漫透射要比被摄体更为重要。用大块的半透明材料蒙在小型光源前面是增大光源面积的一种方法，并且光线也因此而变得柔和。闪光灯前面的柔光板和遮住太阳的云层（图2.6）都是发挥这一功能的半透明材料。

由于半透明的被摄体通常不需要特殊的用光安排，所以它们对于摄影师而言不具重要意义。这是因为半透明物体除了透射光线外，总是会吸收部分光线同时又反射部分光线。吸收与反射都会对摄影用光产生重大影响，我们接下来就要讨论这些问题。

光的吸收

被物体吸收的光线不再被视为可见光线。吸收的能量依然存在，但会以一种不可见的、通常是热量的形式经由物体释放出来（图2.14）。

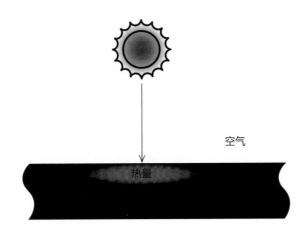

空气

热量

图2.14　被物体吸收的光线以不可见的形式释放出来。在大多数情况下，这种不可见的形式为热量。

和光的透射一样，光的简单吸收不可能被拍摄下来。只有当我们将吸收的光与场景中没有被吸收的其他光线相比较时，被吸收的光才是"可见"的。这就是高吸光率的物体(如黑色天鹅绒或黑色皮毛)位列最难拍摄的对象范围的原因。

大多数物体只吸收部分照射在它们身上的光线，而不是全部。光线的部分吸收是决定我们看到的特定物体是黑色、白色还是中灰色的因素之一。任何特定的物体都会比其他物体更多地吸收某种频率的光线，这种对特定光线频率的选择性吸收是决定物体色彩的因素之一。

光的反射

反射指光线照射到物体表面后被反弹回来的现象，这无需我们做进一步的解释。这个概念非常容易理解，因为我们每天都会用到它。反射使人类的视觉成为可能。我们不是在看物体，而是在看光。因为大多数物体并不发光，其可见与否完全取决于它们反射出来的光线。我们无需展示有关光线的反射的图例，因为你手头几乎所有的照片都可以用来说明这一问题。

然而，对反射了如指掌并不意味着不需要对反射进行进一步讨论，恰恰相反，其重要性值得我们在下一章用大部分篇幅来进行探讨。

3

第3章　反射与角度的控制

上一章中我们介绍了光线及其表现特性，我们了解到光源的三种最重要的特性是亮度、色彩和对比度。我们还了解到不只是光线，被摄体对用光也有着重要的影响。物体能够以透射、吸收或反射这三种方式对照射过来的光线作出反应。

在这三种影响光线的方式当中，反射最为直观。高透明度物体对光产生的影响最小，它们一般是不可见的。吸光能力强的物体也可能看不到，因为它们将光转换成了其他形式的能量，比如我们看不到的热量。

因此摄影用光的过程基本上是控制光线反射的一种实践。通过理解和控制光的反射，从而得到摄影师想要的结果，就可以称为良好的用光了。在本章中，我们将探讨物体如何反射光线，以及我们应如何利用这些反射的问题。

在开始探讨光线的反射之前，我们先来做一个"想象实验"。请在头脑中想象三种不同的物体。首先，想象在桌子上放着一张非常厚实、平滑的灰色卡纸。这种灰色应该是不深不浅的中灰色，既能够在上面写字，但又不至于和白色混淆起来。

接着想象一块和纸张大小相同的金属体，比如一块旧的锡合金。锡合金的表面也应该非常光滑，同时其灰度和纸张完全相同。第三，想象一块富于光泽的瓷砖，大小和灰度与其他两种物体完全一样。最后想象将这三种物体并列放在同一张桌子上，观察它们之间的区别。

注意这三种物体都不能透射任何光线（这就是我们要你想象厚实纸张的原因）。此外，它们吸收的光线数量也是相同的（因为它们的灰度相同）。然而，这三种物体的差别却非常明显。你应该已经感觉到了。（如果没有，不妨再试一次。现在你知道我们为什么希望你这么做了吧！）

这几种物体对光线具有相同的透射和吸收特性，但看上去却全然不同，原因在于它们对光线的反射不同。你无需看本书的图例就能理解这种差别，是因为它们早已是你大脑中的视觉印象的一部分。

在本章中，我们不打算讲太多你不想知道的事情。不过我们会用文字的方式写下这些知识，这有助于我们在本书的其他部分进一步探讨反射的问题。

反射的类型

光线会在物体表面发生漫反射、直接反射、偏振反射——它通常被称为"眩光"。

大多数物体表面都会同时产生这三种反射，只是每一种反射类型所占的比例因物体而异。在这种混合反射中，每种反射所占的比例使得某一物体的表面看起来与其他物体不同。

接下来我们将详细探讨每种反射类型的特性。在每个图例中，我们假设每种反射都是在理想的条件下发生的，不受另外两种反射类型的影响。这将简化我们对每种反射的分析（自然界有时也会提供接近理想状态的例证）。

在这里，我们不考虑何种类型的光源可以用于下面的图例，因为反射只与物体的表面性质有关，任何类型的光源都是适用的。

漫反射

不论从哪个角度看，漫反射的亮度都是一样的，这是因为来自光源的光线被物体表面向各个方向均匀地反射。图3.1显示了漫反射现象。在图中，我们看到光线照射在一张白色的小卡纸上，三台照相机从不同角度对准这张卡纸。

如果三台相机都拍摄了这张卡纸，那么三张照片中的卡纸亮度必然相同。如果用胶片拍摄，那么每张底片上的卡纸影像的密度也是相同的。无论是光源的照射角度还是相机的拍摄角度，都不会影响照片中被摄体的亮度。

除了用光教程上的例子，没有任何表面能够完全以漫反射的形式反射光线，但白纸近似于这种类型的表面。下面请看图3.2。

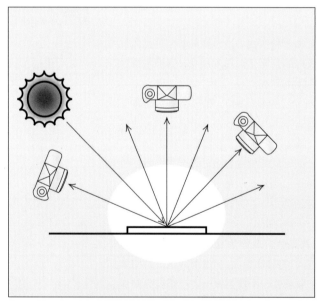

图3.1　白色卡纸除了漫反射外几乎没有其他形式的反射。因为在漫反射中，光源发出的光从物体表面向各个方向均匀反射，所以三台照相机所观测到的卡纸亮度是相同的。

图3.2　画面中的扑克牌反射出大量的漫反射光线，这使得它从任何角度看都是白色的。

我们选择这些接近白色的扑克牌作为特别的例证是有原因的。所有白色物体都会产生大量的漫反射，我们知道这是因为它们无论从哪个角度看都是白色的。（在你现在的房间里转一圈，从不同的角度观察白色和黑色的物体。注意黑色物体的亮度会因视角变化而出现明显的差异，但白色物体却没有什么不同。）

光源的对比度不会影响漫反射的结果，相同场景的另一张照片可以证明这一点。前一张照片采用小型光源，能够看到物体投射的硬质阴影。现在转向图3.3，看看用大型光源会产生怎样的效果。

图3.3 软质阴影证明我们在拍摄时使用了大型光源。

漫射

通过反光伞反射光源的方式或者将光源蒙上一层半透明材料，摄影师便可以获得漫射光源了。我们把透过半透明材料发出的光称为漫透射光。现在我们谈及的是漫反射光，这两个概念具有很多相同点，我们应该特别注意的是它们之间的差异。

物体的反射光是否属于漫射性质与光源是否为漫射的毫无关系。记住小型光源总是"硬质"（非漫射的)光源，而大型光源几乎都是"软质"（漫射的)光源。

"漫射"一词能够非常恰当地概括两种用法的意思。在上面两种情况下，漫射都是指光线的分散。然而是什么导致了这种分散呢？是光源还是物体？光源决定了光的类型，物体表面决定了反射类型。任何光线都会产生各种反射，反射类型取决于物体本身。

可想而知，大型光源柔化了图中的阴影区域，但请注意扑克牌上的高光区看起来并没有什么不同，这是因为纸张表面的漫反射与图3.2中的完全一样。现在我们已经了解了角度或光源面积都不会影响漫反射的效果。

然而，从光源到被摄体表面的距离却影响着漫反射的效果。光源离被摄体越近，被摄体就越亮——如果曝光设定不变——最终照片上的被摄体也就显得更亮。

镜面反射和镜面光

摄影师有时将直接反射称为镜面反射。作为直接反射的同义词，这是非常形象的一个术语。如果你在这层意义上使用"镜面"这个词，那么在读到"直接反射"这一术语时完全可以将其替换为"镜面反射"。

然而，有些摄影师也用"镜面"表示大面积高光区域中更小、更明亮的高光区，而另一些摄影师则用来指小型光源产生的高光区。直接反射并不一定表示上面这两种情况。因为镜面反射对不同的人意味着不同的意义，因此在本书中我们不使用这一术语。

现代的用法更加不一致。最初，镜面只是被用来描述光的反射，而与光源无关（希腊语词根的意思是"镜子"）。今天，一些摄影师将镜面光作为硬质光的同义词，但"镜面"光并不必然产生"镜面"反射。硬质光始终是硬质光，但它的反射形式取决于被摄体的表面性质。所以我们称镜面光为硬质光，以确定我们讨论的是光源而不是反射。

平方反比定律

如果我们把光源移近物体，物体的漫反射就会变得更亮。若有需要，我们可以根据平方反比定律计算出亮度的变化。平方反比定律表明亮度与距离的平方呈反比例关系。

因此，与物体保持特定距离的光源照射在物体上所产生的亮度，将是两倍距离外的相同光源所产生的亮度的四倍；同样，是三倍距离外的相同光源所产生的亮度的九倍。随着照射在物体上的光线亮度发生变化，漫反射也会发生变化。

如果忽略烦人的数学问题，这一定律意味着如果我们移近光源，物体表面的反射光会更亮；反之，如果我们把光源移到远处，反射光就会变暗。这是显而易见的现象。为什么我们还要不厌其烦地谈这个问题呢？因为直觉通常会产生误导。我们很快就会看到，在光源靠得更近的时候有些物体并不能产生更强的反射光。

直接反射

直接反射是由光源产生的镜像，也被称为镜面反射。图3.4与图3.1相似，但这次我们把白卡纸换成了明亮的锯片。光源和照相机的位置与图3.1中的一样，保持不变。

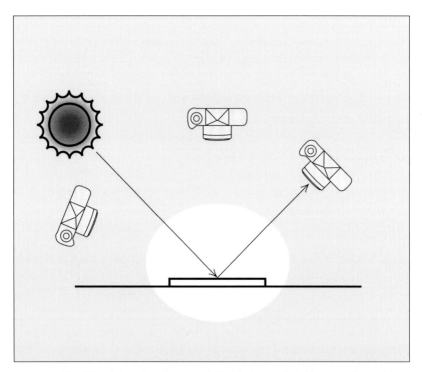

图3.4　直接反射。注意观察示意图，只有箭头指向的照相机拍到了明亮的反射光，而其他两架相机则一点反射光也没有拍到。

注意发生了什么情况。这次三架相机中只有一架拍到了明亮的反射光，而其他两架相机则一点反射光也没有拍到。

这幅示意图说明光线直射在光滑的金属或玻璃之类的表面时会产生直接反射。光线从光滑的表面以与照射角度相同的角度反射出去，更准确地说，入射角等于反射角。这意味着能够看到直接反射的点取决于光源和被摄体的角度以及照相机所处的位置。

处于其他位置的相机根本就没接收到反射光，所以从它们的视角看锯片就是黑色的。因为它们没有从光源能够产生直接反射的（唯一）角度拍摄，所以根本没有光线反射到它们所在的方向。

　　然而，与直接反射光处于一条直线的照相机从反射表面看到的是和光源几乎一样明亮的光点，这是因为从它所处位置到反射表面的角度与从光源到反射表面的角度相同。此外，现实中没有一样物体能够产生完全的直接反射，但打磨得很亮的金属体、水面或者玻璃能够产生近乎完全的直接反射。

打破平方反比定律？

　　拍摄直接反射会得到和光源一样明亮的影像，读到这里你是否得到了一些启示？如果我们不知道光源的距离，那怎样才能得知直接反射的亮度呢？

　　其实我们不需要知道光源与物体的距离有多远。无论距离光源多远，直接反射的影像亮度都是一样的。这个原理看似是对平方反比定律的公然挑战，但通过一个简单的实验就能说明这并没有违背该定律。

　　如果愿意的话，你可以自己进行验证。放置一面镜子，使你能够看到镜子中反射的灯光。如果让镜子离灯近一些，你的眼睛能非常明显地看到灯的亮度保持不变。

　　然而需要注意的是，反射光的面积却发生了改变。这种面积上的变化并没有违反平方反比定律。我们把灯移近到一半距离，镜子会反射四倍的光线，正符合平方反比定律，但是反射影像的覆盖面积也扩大到原来的四倍。因此影像在图片中的亮度仍保持不变。举个具体的例子，我们用四倍的黄油涂在一片四倍大的面包上，黄油的厚度是保持不变的。

　　现在我们来看一下图3.5中的场景，我们还要从高对比度光源开始讲起。图3.5中的锯片表面富于光泽。我们依据两点可以看出光源面积很小。首先它再次出现了硬质阴影，此外从光源在锯片的光滑表面上产生的反射光可以看出光源很小。

　　因为能够看到光源的影像，所以我们能够轻而易举地预见光源面积增大后的效果。因此我们可以事先确定光滑表面上高光区的面积大小。现在我们来看图3.6。

图3.5　从两点可以看出这张照片使用了小型光源：硬质阴影和手锯上的反射光面积。

图3.6　大型光源能够使阴影更柔和。然而更重要的是，现在反射光覆盖了整个锯片表面，这是因为这次使用的光源大到了能够覆盖产生直接反射的整个角度范围。

我们再次看到柔和的大型光源会产生更柔和的阴影。这张照片看起来更令人愉悦，但这并不重要，更重要的是大型光源的反射光线覆盖了锯片的整个表面。

换言之，就是较大的光源能够覆盖所有产生直接反射的角度范围。角度范围是摄影用光中最有用的概念之一，下面我们将进行详细探讨。

角度范围

之前的示意图只考虑了反射平面上的一个单独的点。实际上每个表面都是由无穷个点组成的，观察者从稍稍不同的角度也可以看到平面上的这些点，这些不同的角度组成了能够产生直接反射的角度范围。

理论上，我们也可以探讨产生漫反射的角度范围，不过这种讨论毫无意义，因为任何角度的光源都可以产生漫反射。因此，我们使用"角度范围"这一术语时始终是指产生直接反射的角度。

角度范围对摄影师而言非常重要，因为它决定了光源的安放位置。我们知道光线总是从光滑的表面（如金属体和玻璃）以与入射角相同的角度反射出来，因此我们能够很容易地确定相对于照相机和光源位置的角度范围。这样我们就能够控制画面上是否出现直接反射以及直接反射的位置了。

图3.7显示了光源位于角度范围内和角度范围外的效果。从图3.7中可以看到，角度范围内的光源会产生直接反射。因此，任何处于角度范围外的光源无法照亮镜面类被摄体，至少在相机的视线范围内是这样的。

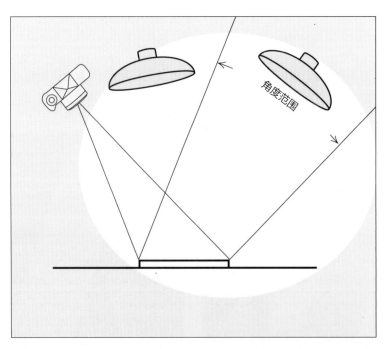

图3.7　角度范围内的光源会产生直接反射，而角度范围外的其他光源则不能产生直接反射。

摄影师有时希望镜面物体上的大部分区域都看到直接反射，这就需要使用(或者在自然中找到)足够大的光源充满角度范围。但在另外一些场景中，他们不希望看到直接反射。这时他们就需要调整相机和光源的位置，使光源不会出现在角度范围内。我们会在后面的章节中反复运用这一原理。

偏振反射

偏振反射和普通光线的直接反射非常相似，摄影师通常采用同样的方式处理这两种反射光。不过这种反射还可以借助几种专门的技术和工具进行处理。

　　和直接反射一样，图3.8中只有一架照相机能够拍到反射光。但与直接反射不同的是，偏振光的反射影像总是比光源本身的图像暗得多。

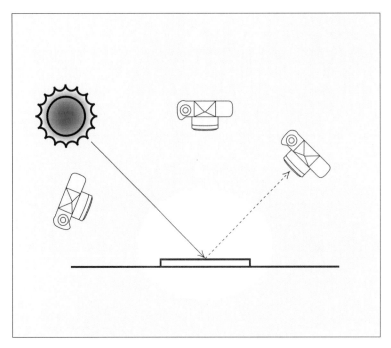

图3.8　偏振反射看上去很像非偏振反射，只是亮度更暗。

　　理想状态下偏振反射的亮度恰好是非偏振反射的一半（只要光源不是偏振光）。但是因为偏振反射不可避免总要伴随着光线的吸收，我们在场景中看到的反射光可能会比理想中的反射光更暗。

　　要了解为什么偏振反射不像非偏振反射那么亮，我们需要了解一些关于偏振光的知识。我们已经知道电磁场是围绕运动的光子波动的。图3.9中，我们把波动的电磁场描述成像在两个孩子之间旋转的跳绳一样。一个孩子摇动跳绳，而另一个孩子只是抓住绳子不动。

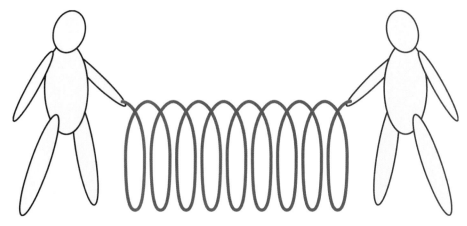

图3.9　用一根跳绳代表光子周围振荡的电磁场。左边的孩子摇动绳子，而右边的孩子只是抓住绳子不动。

　　现在，我们在两个孩子中间放一排栅栏，如图3.10所示。现在绳子只是上下晃动，不再呈弧形旋转了。上下晃动的绳子就像偏振光的光子路径上的电磁场。

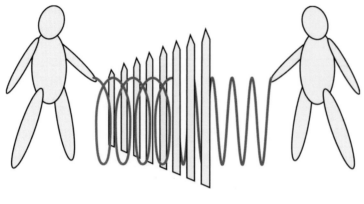

图3.10　当摇动的绳子穿过栅栏后，它只是上下晃动而不再呈弧形转动。偏振滤镜就是以这种方式阻断了光子能量的振荡。

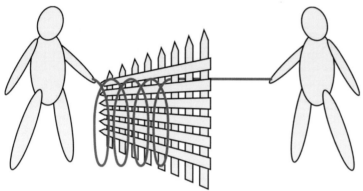

图3.11　由于在第一排栅栏前又加了一排水平栅栏，所以当左边的孩子在摇绳的时候，右边的孩子却看不到绳子运动。

就像栅栏阻隔了跳绳的振荡能量一样，偏振滤镜中的分子阻隔了光子能量，使光子能量只能在一个方向振荡。有些物体表面的分子结构也会以同样的方式阻隔部分光子能量。我们将这种光线看作偏振反射或眩光。

现在，假设我们不满意这种部分性的阻隔，就像孩子们的游戏那样，那么我们可以在第一道栅栏前再加上一排水平栅栏，如图3.11所示。

设置了第二排栅栏后，左边的孩子在摇绳时，右边的孩子根本看不到绳子的运动。成十字交叉的栅栏阻止了能量从绳子的一端向另一端传递。将两块偏振滤镜的轴线成十字交叉也会阻止光线的传播，就像两排栅栏会阻止绳子的能量一样。

图3.12显示了这一结果。当两块偏振镜相互重叠并且轴线成直角时，就无法看到页面内容了，因为从

图3.12　两块重叠的偏振镜的轴线相互垂直，它们像两排栅栏阻隔跳绳的能量一样阻隔了光线的能量。

页面反射到照相机的光线已经被完全阻断了。

　　湖面、喷漆的金属体、光滑的木头或者塑料都会产生偏振反射。和其他类型的反射一样，偏振反射并不纯粹，有的漫反射和非偏振直接反射都会混杂眩光。光滑的物体会产生更多的偏振反射，但粗糙的表面也会产生一定程度的偏振反射。

　　黑色和透明物体上的偏振反射更为明显。黑色物体和透明物体并不一定比白色物体产生更强的直接反射，只是因为它们产生的漫反射较弱，使我们能够更容易地看到直接反射。这就是为什么你在房间里转了一圈，可以看到黑色物体的亮度发生明显变化，而白色物体却没有什么变化的原因。

　　光滑的黑色塑料能够为我们显示充足的偏振反射，因此非常适合作为范例。图3.13画面中一个黑色塑料面具和一根白色羽毛放在一张光滑的黑色塑料板上。

　　我们采用和图3.4中相同的机位、光源位置和光滑表面。你可以通过反光的面积大小判断出我们使用了一个大型光源。

　　面具和塑料板都产生了近乎理想的偏振反射。从这个角度看，光滑的塑料几乎没有产生非偏振反射；黑色物体也从来不会产生大量的漫反射。然而羽毛的特性全然不同，它几乎只能产生漫反射。

　　光源的面积非常大，能够填满整张塑料板的角度范围，在整个表面上产生直接反射。但相同的光源只够照射面具的部分角度范围，我们知道这是因为我们只能在面具的前面看到高光区。

　　现在来看图3.14。我们使用了与前一幅照片相同的拍摄设置，但这次在照相机镜头前加了一片偏振镜。

　　因为图3.14中的黑色塑料板只产生偏振反射，而偏振镜阻隔了这些反射，致使几乎没有光线能够反射到相机，因此塑料板看上去就变成了黑色。

　　我们必须开大大约两挡光圈来补偿偏振镜的中性密度。你是怎么知道我们没有算错曝光时间呢？（或许我们是有意这样做的，目的是为了拍摄到足够黑的影像以证实我们的

图3.13　光滑的黑色塑料板和面具几乎只能产生直接偏振反射，而白色羽毛几乎只能产生漫反射。

图3.14　相机镜头前的偏振镜阻隔了偏振反射，因此只有产生漫反射的羽毛才会清晰可见。

观点。）羽毛的亮度证明我们没算错曝光时间。偏振镜并没有阻隔来自羽毛的漫反射，因此在进行精确的曝光补偿后，两幅图片中的羽毛均还原为同样的浅灰色。

偏振反射还是普通的直接反射

偏振反射和非偏振直接反射通常看起来很相似。无论是出于需要还是好奇心，摄影师都想将两者区分开来。

我们知道直接反射看上去和光源亮度相同，而偏振反射看起来会暗一些。但是仅凭亮度是无法告诉我们哪个是偏振反射的。

记住现实中的物体所产生的都是混合反射。看起来具有偏振反射的表面，可能实际上也有微弱的直接反射外加部分漫反射。

这里有几个标准通常能够帮我们判断直接反射是否带有偏振光：

- 如果物体表面由能够导电（金属是最常见的例子）的材料制成，它的反射可能是非偏振反射；而塑料、玻璃及陶瓷等绝缘体更可能产生偏振反射。
- 如果表面看起来类似镜面（例如光滑的金属体），可能只会产生简单的直接反射，不会是眩光。
- 如果表面不像镜面（例如光滑的木头或皮革），在以40°~50°的角度观看时更可能产生偏振反射（具体角度取决于不同材料）。从其他角度观看，更可能是非偏振反射。
- 然而，决定性的测试是通过偏振镜观察物体的外观。如果偏振镜阻止了反射，那么这种反射肯定是偏振反射。
- 然而，如果偏振镜对悬而未决的反射类型不起任何作用，那么这种反射就是普通的直接反射。如果偏振镜只是降低了反射的亮度但没有完全阻止反射，这种反射就是混合型反射。

将普通的直接反射转变为偏振反射

摄影师通常喜欢把反射转变为偏振反射，这样他们就能将偏振镜安装在镜头前用以控制反射光了。如果反射不属于眩光，那么镜头前的偏振镜除了减弱光线外起不到其他作用。

然而，在光源前放置一块偏振滤光片便可以将直接反射转变为偏振反射了，然后照相机镜头前的偏振镜就可以有效地控制反射了。

偏振光源并不局限于摄影棚用光，广阔的天空通常也可以作为非常有效的偏振光源。以天空反射偏振光最多的角度面对被摄体，镜头前的偏振镜便可以有效地发挥作用。这就是为什么摄影师有时会发现偏振镜对某些被摄体（如明亮的金属体等）非常有效的原因，哪怕生产商已经告诉摄影师偏振镜对这些拍摄对象不会产生任何作用。在这些情况下，被摄体反射的是偏振光。

增加偏振反射

大多数摄影师都知道偏振镜可以消除他们不需要的偏振反射，但是在有些场景中，我们可能会喜欢偏振光甚至希望出现更多的偏振光。在这种情况下，我们可以使用偏振镜有效地增加偏振反射。将偏振镜从减少偏振反射的位置旋转90°，偏振光便能顺利通过偏振镜了。

偏振镜总是会阻挡掉一些非偏振光，理解这一点非常重要。在这种情况下它事实上变成了一片中性密度滤光镜，影响除直接反射之外的所有反射。因此，当我们为补偿中性密度而增加曝光时，直接反射会增加得更多。

应用原理

要完美地拍摄某个物体，照相机需要准确的聚焦和精确的曝光。物体和光线之间存在着互相关联的关系。在一幅精彩的摄影作品中，不仅光线适合被摄体的需要，被摄体也适合光线的需要。

　　这里的适合是指摄影师的创造性决定。如果摄影师的任何决定都是建立在这样的基础之上，即理解并意识到被摄体和光线是如何共同产生影像的，那么他的决定很可能都是适合的。

　　我们要确定什么类型的反射对于被摄体具有重要意义，然后要好好利用这种反射。在摄影棚内，这意味着需要控制光源；在摄影棚外，则通常意味着确定相机位置，预测太阳和云彩的运动，等待一天当中的合适时间，或者去寻找有效的光源。无论哪种情况下，这对已经掌握了光线性质以及能够想象光线作用的摄影师而言，这项工作易如反掌。

4

第4章　表现物体的表面

　　所有物体的表面都会产生不同程度的漫反射、直接反射和偏振反射。我们能看到所有这些反射，但并不一定能够意识到它们。

　　多年的生活经验使我们的大脑能够对场景中的视觉形象加以处理。这种处理通常会把令人分心或无关紧要的形象降至最低，同时突出有助于我们理解情境的那些关键形象的重要性。大脑中想象的心理学影像可能和眼睛实际看到的光化学影像截然不同。

　　心理学家还不能完全解释为什么会存在这种差异。运动当然是原因之一，但并非全部。与静态照片中的缺陷相比，电影中的某些视觉缺陷更不易引人注目，但它们的差别并不是很大。

　　摄影师们知道经过大脑处理过的场景影像与实际场景是有区别的。我们发现了这样一个事实：我们能够迅速地发现照片中的缺陷，但我们在检查原始场景时哪怕再仔细，这些缺陷也可能根本发现不了。大脑中的无意识部分为我们提供处理场景的"服务"，删除那些无关的和矛盾的信息，然而观众在观看照片时却会充分地意识到这些细节。

　　照片是如何揭示那些我们或许从来都没有注意到的细节的呢？这是另一本书要探讨的问题。本书只探讨我们应该如何处理这种情况，以及如何利用这种现象。在拍摄和制作照片时，我们必须有意识地进行别人没有意识到的处理工作。

摄影师的处理工作

　　摄影用光主要对付两种极端情况：高光和阴影。当我们妥善处理好这两种极端情况时，两者之间的中间影调也基本会取得令人满意的结果。高光与阴影共同表现物体的构成、外形和立体感，但仅有高光通常已经足够表现物体的表面状态了。

　　本章主要关注高光区与表面的问题。在大多图例当中，被摄体都是扁平的——也就是二维或接近二维的。在第5章中我们会用稍复杂一些的三维物体，并且更详细地探讨阴影的表现特性。

　　在上一章中，我们了解到所有的表面都能产生漫反射和直接反射，并且有的直接反射带有偏振反射。但大多数表面所产生的反射并不是这三种反射的平均混合，对于某些表面，一种反射可能会远远大于其他类型的反射。三种反射的强度差异决定了物

43

体表面的差异。

用光的第一步是观察场景中的被摄对象，确定是何种反射造成了被摄体的特定外形。下一步是确定光源、被摄体和照相机的位置，以便能够很好地利用某种反射而将其他两种反射的影响降至最低。

我们在进行这些工作时，要明确我们想让观者看到的是哪种反射，然后再进行拍摄，以确保他们看到的正是那种反射而非其他。

"确定光位"和"进行拍摄"意指在摄影棚内移动灯架，但也不限于此。我们在摄影棚外选择相机位置、拍摄日期和时间时，做的是完全相同的工作。在本章中我们之所以选择影棚摄影作为例证，只是因为摄影棚内有助于控制并演示特定的用光方式，而演示的用光原理适用于任何摄影类型。

在本章的其余部分，我们会看到一些需要利用各种基本反射的图例；我们还将看到对那些被摄体采用了不合适的反射时会发生的情况。

利用漫反射

摄影师有时会接到拍摄绘画、插图或老照片的任务。这种翻拍工作较为简单，通常只需要漫反射而无需直接反射。

因为这是本书第一次具体演示用光技术，所以我们将进行详细的探讨。这个案例说明了一个经验丰富的摄影师是如何考虑并确定用光方式的。初学者可能会对如此简单的用光竟然会涉及如此多的思考而感到惊奇，但他们不应因此而感到沮丧不安。

一张照片与另一张照片涉及的思考都是相同的，这种思考很快就会成为一种习惯，几乎不再花费时间或者力气。随着内容的进一步深入你会发现这一点，在后面的章节中我们也会省略部分细节内容。

漫反射能够使我们了解被摄体的明暗程度。本书的印刷页面上黑白分明，这取决于产生大量漫反射的区域——纸张，以及几乎没有漫反射的区域——油墨。

因为漫反射会对光波进行选择性地反射，所以反射光中会包含被摄体的大部分色彩信息。如果我们用品红色油墨和蓝色纸张印刷本页（如果那些挑剔的编辑同意的话），你就明白这个道理了，因为页面的漫反射会告诉你一切。

注意漫反射并不能告诉我们更多有关被摄体材质的信息。如果我们不用白纸，而是在光滑的皮革或者塑料上面印刷，那么漫反射看上去差不多还是相同的（但你能够通过直接反射看出材料的不同）。

我们在翻拍一幅油画或一幅照片时，通常不会去关注它的材质属于哪种类型，我们需要知道的是原始影像的色彩和明暗关系。

光源的角度

何种类型的用光才能完成翻拍任务呢？要回答这个问题，我们应该先看一下标准的翻拍设置以及能够产生直接反射的角度范围。

图4.1为标准的翻拍用光设置。照相机装在三脚架上，对准翻拍台上的原件。假设相机的高度设定为刚好能使原作的影像充满照相机的成像区域。

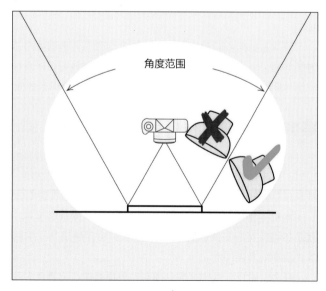

图4.1 翻拍布光中能够产生直接反射的角度范围。角度范围内的光源会产生直接反射，范围之外的光源不会产生直接反射。照相机两侧的角度范围相似。

　　我们已经画出了光源能够产生直接反射的角度范围。大多数翻拍设置只在照相机一侧布置一个光源，因此我们只需要一个光源来验证该原理。

　　按照该示意图我们能够很方便地进行布光。再说一遍，角度范围内的任何光源都会产生直接反射，如果将光源设置在角度范围之外就不会了。我们已经从第3章得知光源可以从任何角度产生漫反射。因为我们只需要漫反射，所以可以把光源放在角度范围外的任何位置。

　　图4.2中的民间绘画使用设置在角度范围外的光源拍摄。我们只看到了来自画面的漫反射，照片的影调值与实物大致相同。

　　相比之下，图4.3中由于光源位于角度范围内，所产生的直接反射在画作表面产生了难以接受的"亮斑"。

图4.2　这是一张成功的翻拍照片，在民间绘画上只能看到漫反射，并且照片的影调值与实物大致相同。

图4.3　处于角度范围内的灯光在照片上产生了难以接受的亮斑。

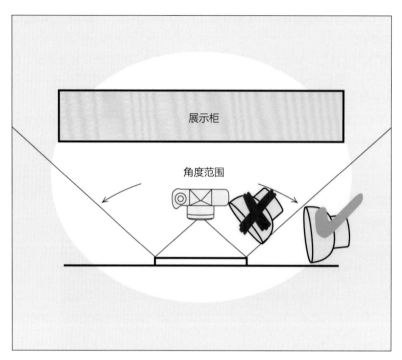

图4.4　在这个设置中，使用广角镜头使角度范围扩大了很多，导致可以接受的照明角度范围变小了。只有角度范围外的光源才能产生不带眩光的照明。

图4.5　使用长焦镜头的翻拍设置。因为产生直接反射的角度范围较小，所以找到合适的光源位置一般较为容易。（不过如果右边的墙更近一点的话，将会限制光源的安置。我们将在下文介绍解决这一难题的方法。）

在摄影棚或者照相馆内控制光源角度都是很简单的事情，然而摄影师也会接到在博物馆或者其他无法移动原作的地点拍摄大型油画的任务。那些曾经接过这种任务的人知道博物馆馆长总是会在我们想要放置照相机的地方设有展示柜或者座椅。在这种情况下，我们需要让照相机离被摄对象更近，然后换用广角镜头以便将被摄对象全部纳入成像区内。

图4.4为博物馆翻拍设置的俯视图。照相机上装了一支水平视角约为90°的超广角镜头。

现在看看角度范围发生了什么变化。产生直接反射的角度范围大大增加，同时可以接受的翻拍用光的角度范围却小了很多。现在需要将光源放置在离边缘更远的位置，以避免产生令人厌烦的直接反射。

如果光源处于图4.1所示的位置，那么照相机在这个位置的翻拍效果将特别糟糕。相同的光源角度，当照相机距离被摄体较远时能产生很好的效果，反之则会导致直接反射。在这种情况之下，我们应该把光源移到距离边缘更远一些的位置。

最后，注意在那些和博物馆类似的环境中，房间的布局可能导致灯光的摆放比相机的摆放更难。如果不可能把光源放置在能够避免直接反射的位置，那么我们可

以把照相机后移到距被摄体更远的位置来解决这个问题（相应地使用长焦镜头以获得足够大的影像）。

图4.5中，由于房间过于狭小，安排光位非常困难，但其长度却允许将相机放置在较远的位置。我们看

到当相机远离被摄对象的位置后，产生直接反射的角度范围变小了，这样就能很容易地找到避免直接反射的用光角度了。

基本规则的奏效与失效

介绍基本翻拍设置的文章（与一般用光定律相反）经常使用与图4.6相似的布置来说明标准的翻拍设置。

注意，灯光放置在与原作成45°角的位置，这只是一个角度问题，毫无奥秘可言。这是一个通常能奏效的基本规则——但也不是总能奏效。正如我们在上一个案例中看到的，能够利用的照明角度取决于照相机和被摄体之间的距离以及所选用的镜头焦距。

更重要的是，我们应该注意到如果忽视光源与被摄体之间的距离，那么这条规则不一定能带来良好的用光效果。为了了解其中的原因，我们将把图4.1与图4.6的原理结合起来看。

在图4.7中，我们看到了两个可供选用的光源位置。两个光源到被摄体的角度都是45°，但只有一个能产生合适的照明。离被摄体较近的光源位于产生直接反射的角度范围内，会在物体表面产生亮斑；另一个光源由于距离较远而处于产生直接反射的角度范围外，它能够有效地照亮物体表面。

因此我们了解到如果摄影师将灯光放在距离被摄体足够远的位置，45°规则也能奏效。事实上，这条规则一般都能够奏效，因为摄影师通常都会把光源移到离被摄体较远的位置，当然这么做还有另外一个原因，就是为了获得均匀的照明。

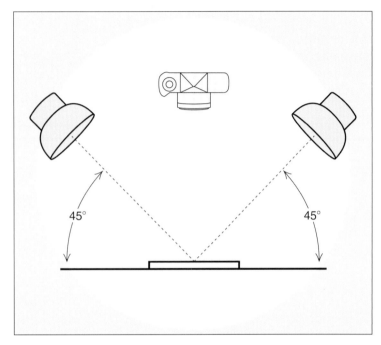

图4.6　"标准"的翻拍设置有时能获得不错的效果，有时却不能。有效的用光角度还取决于照相机和被摄体之间的距离以及镜头焦距的选择。

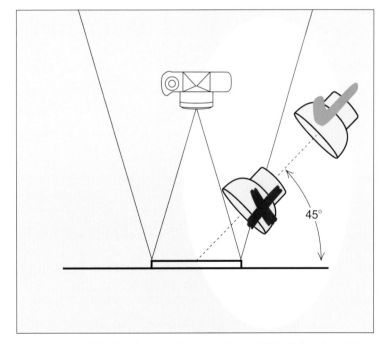

图4.7　光源到被摄体距离的重要性。这两个光源与被摄体表面中心的角度均为45°，但只有一个光源能产生令人满意的照明，而位于角度范围内的光源会产生直接反射。

光源的距离

到目前为止，我们只考虑了光源的角度，而没有考虑它们的距离。但很明显这也是一个很重要的因素，因为我们知道光源距反射表面越近，漫反射就越亮。图4.8仍采用了之前的用光设置，不过现在我们强调的是光源的距离。

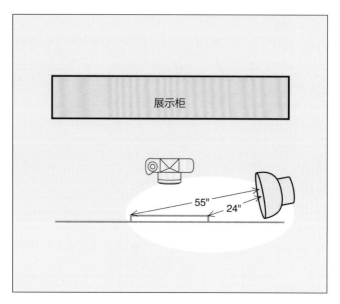

图4.8　小角度照明能够避免直接反射，但如果不谨慎处理的话，极有可能会产生不均匀的照明。

我们再次使用广角镜头拍摄。记住在这种条件下，避免直接反射的照明角度范围非常小，我们必须将光源放置在与被摄体表面成较小角度的位置。但被摄体靠近光源的一侧接收的光照要远远多于远离光源的一侧，以至不可能采用统一的曝光进行拍摄。

图4.9显示了这一设置的拍摄结果。极小的照明角度虽然避免了直接反射，却导致照片两侧出现了令人无法接受的亮度差别。

图4.9　运用图4.8的布光设置所拍摄的照片。尽管这种布光方式避免了直接反射，却导致了不均匀的照明，以致不能同时保存照片左侧和右侧的影像细节。

　　显然，位于被摄体另一侧的第二个光源有助于提供更均匀的照明（的确，这是大多数翻拍设置使用两个光源的原因）。然而在极小的照明角度下，第二个光源仍不能提供统一的曝光。我们不过获得了一张两侧有曝光过度区域，而画面中间是深色区域的照片。

　　解决这个问题的一种思路是将光源靠近相机（比较极端的例子是直接将闪光灯装在相机上）。那么光源与被摄体表面各点的距离大致相等，照明因而变得更加均匀。但这种方法也可能使光源处于产生直接反射的角度范围内，导致更糟糕的结果。

　　解决这个问题的唯一方法是尽可能使光源距被摄对象远一些。理论上，距离无限远的灯光会在被摄体表面的所有点上产生亮度绝对一致的漫反射，哪怕处于最小的角度也是如此。不幸的是，无限远距离的灯光也将是无限黯淡的。

　　实践中，我们通常无需将光源设置得太远便能获得令人满意的结果。我们只需要将光源距被摄对象稍远一些，能产生可以接受的均匀照明就行了。在此前提下，我们要让光源尽量靠近一些，以获得尽可能短的曝光时间。

　　我们可以为你提供数学公式来计算光源和被摄体之间在任何角度上的适当距离（以及任何可接受的"边到边"的曝光误差），但你不需要使用这些公式。

　　只要摄影师从一开始就能意识到这个潜在的问题，那么人类的眼睛完全能够判断合适的距离有多远。放置好光源，使照明看上去很均匀，然后用测光表测量被摄体表面上的不同点，进一步核实自己的判断。

克服布光难题

　　前面的案例告诉我们均匀的照明和不产生眩光的照明是两个相互排斥的目标。光源离照相机越近，被摄体受到的照明就越直接，也更均匀；光源离被摄体一侧越远，越不会处于能够产生直接反射的角度范围内。

　　通常解决这一难题的方法是需要在拍摄现场的各个方向都拥有更大的工作空间，这是因为：

- 例如，将光源移到更加靠近照相机光轴的位置，这意味着要使照相机更加远离被摄体（同时使用长焦镜头以保持影像大小不变)。这使得产生直接反射的角度范围变得更小，而在选择照明角度方面获得更大的自由。

- 反之，如果工作空间要求照相机必须非常靠近被摄对象，那么光源为了保持在角度范围之外，必须从一个很小的角度照射被摄体。此时我们必须把光源放在距被摄体很远的地方，从而实现均匀照明。

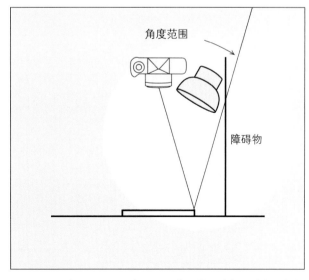

　　不幸的是，对于这些解决方案，我们有时候会缺少所需的工作空间。摄影师可能会不得不在塞满了档案柜、几乎没有拍摄空间的储藏室内拍摄珍贵的文件，甚至在没有足够空间为大型画作提供适当照明的画廊里拍摄。

　　图4.10说明了这种难以布光的难题。照相机架在三脚架上，对准地板上的文件，两侧的障碍有可能是文件柜，天花板也限制了照相机的升起高度；或者拍摄一幅挂在墙上的8英尺×10英尺（约2.4米×3米）的大幅油画，而另外几面墙或展示柜构成了障碍。无论哪种情况，我们都无法将照相机和光源设置在能够提供均匀照明并且没有眩光的布光位置。

图4.10　一种"不可能"布光的工作环境：我们无法将照相机和光源放置在能够提供均匀照明且没有眩光的位置。

第一眼看到这张布光示意图时，我们就预见到这种设置拍出的照片毫无用处。

图4.11证实了我们的预言。如果我们还记得以下两点，完全可以轻松地解决这个问题：（1）我们看到的原作表面的"眩光"是直接反射和漫反射的混合体；（2）镜头前的偏振镜能够消除偏振反射。

图4.12指明了具体方法。我们首先确定能够保证均匀照明的光源位置，暂不考虑光源是否会产生直接反射。然后在光源前放置一块偏振滤光片，并使其轴线对准照相机，这种设置能保证光源的直接反射为偏振光反射。下一步，在照相机镜头前装上偏振镜，并使其轴线与光源滤光片轴线成90°角，这样就能消除光源直接反射出的偏振光了。

图4.11　图4.10"不可能"的布光设置下的拍摄结果，你可以清楚地看到这张照片是一张废片。因为在那种情况下不得不这样安排光源位置，原作表面因直接反射而导致部分画面看不清楚。

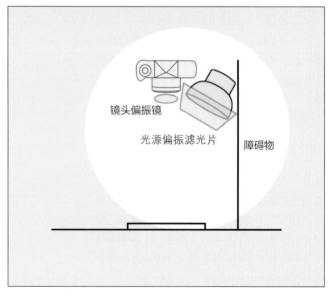

图4.12　对于难以布光的工作环境，其解决方案是将光源靠近照相机光轴以取得均匀照明，同时使用偏振镜消除眩光。光源前的偏振滤光片的轴线指向照相机，而镜头偏振镜的轴线应与光源偏振片的轴线垂直。

　　理论上，这种设置能保证照相机只看到漫反射。但在实践中，我们可能还会看到部分偏振反射，因为偏振镜并不是完美无缺的。但除非是最糟糕的情况，这种缺陷一般可以忽略不计。图4.13证明了这一点。在既没有移动照相机也没有移动光源的情况下，翻拍效果得到明显改善。

图4.13　尽管是在"不可能"布光的工作环境下，采用图4.12中的解决方案还是获得了出色的翻拍效果。这张照片中的被摄体和光源位置与图4.11完全相同，不妨比较一下两张照片。

如何使用光源偏振片

将光源变成偏振光会带来严重的缺陷，因此无论何时均应尽量避免使用。所幸在大多数情况下，理解并且控制光源的面积和角度就已足够，而无需再对光源进行偏振处理。有些入行多年的摄影师从未使用过光源偏振滤光片。

我们有意识地把难以布光的翻拍问题作为较为少见的案例之一，在这个案例中将光源变成偏振光是唯一可行的解决方案。那些日常工作中需要严格控制用光的摄影师偶尔也会遇到这种情况。

因为发现问题是解决问题的第一步，所以我们将在这里列举可能会遇到的困难。理论上讲，"完美"的光源偏振片和镜头偏振镜的结合会损失2挡曝光，尽管实际上偏振镜远远达不到"完美"的程度。在实践中，由于偏振镜具有较深的中性密度，实际曝光损失可能会达到4~6挡。

在其他不是翻拍的情况下，由于灯光可能会因为透过柔光材料而受到损失，致使问题更加严重。亮度下降，光圈可能要相应地开得更大，导致无法获得足够的景深；或者曝光时间过长，导致互易律失效造成计算困难，并且照相机或被摄体的抖动越来越难以避免。

这个问题的理想解决方案是采用现有预算和电流强度所能承受的最强灯光。如果这样还不够，我们将采用对付弱光场景的方式，使用尽可能稳固的三脚架，尽可能仔细地聚焦，最大限度地利用能够利用的一点可怜的景深。

第二个问题是偏振片很容易因为受热而损坏。记住偏振片吸收的光能不会轻易消失，它会转换成热量，没准儿能煮熟东西！

在进行闪光摄影时摄影师通常直到拍摄前才装上偏振滤光片。他们会在安装偏振片之前关掉造型灯，而闪光管发出的瞬间闪光只会产生极少的热量。

光源为白炽灯时，需要将偏振片安装在支架或者单独的灯架上，以与光源保持一定距离。距离的大小取决于光源的功率和反光罩的结构。剪下一小块偏振片并有意在灯光前烤一会，以此来确定安全距离，这是很有必要的。

最后，我们必须记住偏振镜对色彩平衡的影响很小。如果你正在用胶片拍摄，无法在照相机里调节色彩平衡，那么明智的做法是预先拍摄并冲洗一个彩色测试胶卷，确保在最终拍摄之前调整好色彩补偿（CC）滤光镜。

通过漫反射和阴影表现质感

在任何有关物体表面性质的探讨中，我们必须论及质感的问题（这就是我们在本章开始时提到所有被摄对象都是近似二维物体的原因）。我们首先来看看没有表现出被摄体质感的照片，这将有助于我们分析问题并找到更好的解决办法。

我们用安装在照相机顶的独立闪光灯拍摄图4.14中浅蓝色海绵的表面细节。如果我们的目的是表现其质感的话，那么这幅照片毫无疑问没有达到目的。

图4.14　使用照相机的机顶闪光灯拍摄的一块海绵。没有对比度鲜明的高光和阴影，海绵表面的很多细节都看不到了。

　　海绵的明亮色彩导致了这个问题。我们知道光照下的所有物体都会产生漫反射，并且理想的漫反射其亮度与照明角度无关。因此，照射在海绵纹理颗粒侧面而反射回照相机的光线几乎和照射到颗粒顶部的光线同样明亮。

　　如图4.15所示，可通过将光源移到与海绵表面成较小角度，使其"掠过"表面纹理的方法解决这一问题。在这种用光设置下，每一个纹理颗粒都获得了一个高光面和一个阴影面。

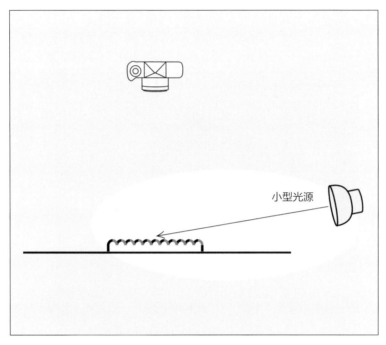

小型光源

图4.15　小型光源以很低的角度照射被摄体时能产生反差强烈的高光和阴影，它们对于表现中、低影调被摄体的质感是必不可少的。

　　注意这种布光方式可能会产生不均匀照明，正如图4.8的翻拍设置中光源成较小角度时的结果一样。解决办法没有什么不同：把光源移到距被摄对象远一点的地方。

　　如果我们运用面积尽可能小的光源，更有助于这种表面质感的表现，因为小型光源能够产生界限分明的清晰阴影。不过如果纹理颗粒过小，其影像可能会因为太小而难以分辨。

　　如果阴影本身非常清晰，那么由阴影形成的影像将更有可能突破视觉的限制。图4.16正体现了这个结果。

图4.16　这块海绵与我们在图4.14中使用的相同，只不过这次采用了图4.15所示的侧面光进行拍摄。

这种突出质感的用光方法几乎凭直觉就能理解。即使没有我们的帮助，摄影初学者迟早也能掌握。我们并不打算讲述显而易见的道理，相反，我们是想将这块海绵的用光与其他不太明显、同样的技术根本不起作用的例证进行比较。

利用直接反射

图4.17的用光方式与图4.16中成功表现海绵质感的用光方式相同。这个案例表明即使是非常有效的技术，如果运用时机不恰当，也有可能拍出令人沮丧的照片。之前的用光能够成功表现海绵的质感，但同样的用光却使笔记本封面的细节几乎丧失殆尽。你要通过我们的描述才能知道封面确实存在着纹理。

图4.17　相同的用光能够揭示浅蓝色海绵的质感，却使黑色皮面笔记本封面上的大部分细节丢失了。

侧光能够在纹理颗粒的一侧形成阴影，另一侧产生漫反射高光，我们就是运用这种方式来表现海绵表面的细节的。在黑色皮面笔记本封面上，相同的阴影存在于每个纹理颗粒的一侧（尽管你看不到它），但颗粒另一侧的漫反射高光消失了。这张照片的问题在于被摄对象本身。它是黑色的，根据定义，黑色物体几乎不产生漫反射。

我们知道增加曝光可以使皮面上的微弱漫反射得以表现，但是这种方法很少被采用，因为大部分画面都是重要的浅色调区域。

如果我们增加曝光，画面中浅色区域的高光细节可能完全消失。另外，这是一本关于用光的书，我们不能运用调整曝光的方式解决这一问题，而应该凭借用光技术来解决。如果我们不能从皮封面获得足够的漫反射，我们将转而尝试创造直接反射。这似乎是我们的唯一选择。由于直接反射只能由限定的角度范围内的光源才能产生，我们的第一步是确定光源的角度范围。

图4.18显示了如果照相机要拍到被摄体表面的直接反射，必须设定的光源位置。此外，为了使整个表面都能产生直接反射，光源面积必须大到能充满整个角度范围。因此，在图中所示位置处我们需要至少那么大的光源。

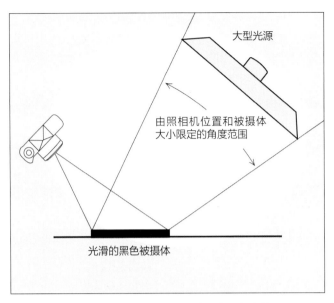

图4.18　一个大型光源充满了黑色皮面本限定的角度范围。

　　这幅照片的光源可以是多云的天空、柔光箱或由另一个光源照明的反光板。最重要的是光源应该大小合适，而且放置在正确的位置。

　　注意这种布光方式可能和成功拍摄海绵的布光没有太大区别，只不过我们把光源放置在被摄体上方，而不是位于被摄体一侧，这就几乎消除了能够表现海绵纹理的小块阴影。我们采用大型光源取代小型光源，这意味着保留在纹理中的少量阴影会过于柔和，以至于不能清晰地展现对象的质感。

　　换句话说，用于拍摄海绵的最佳用光方式对于拍摄皮革而言却有可能是最糟的！这一显而易见的矛盾是因为先前的理论忽视了一个值得考虑的因素：直接反射。

　　图4.19中桌子上方的大型光源会产生漂亮的可见纹理。无需增加曝光量，到达皮封面上的光量与图4.17没有区别。然而，皮封面上高光区的影调值已经由接近黑色上升为中灰色了。

图4.19　使用图4.18中的布光方式能够获得最大限度的直接反射，从而表现出皮革的纹理。

用光效果的明显提升来自良好的反射控制。皮革表面几乎不能产生漫反射，但能产生大量的直接反射。对适用于某一表面的反射类型加以利用，可以让我们获得尽可能出色的效果。

表现复杂的表面

在本书中，我们使用"复杂表面"一词来描述同时需要漫反射和直接反射才能得到准确表现的单独表面。光滑的木头就是一个很好的例子。直接反射只能够告诉观者木头表面是光滑的，而漫反射则是表现光滑表面下色彩和质感的关键因素。

图4.20是一个经过高度抛光的木盒，在光源下同时产生直接反射和漫反射。我们设置了一个中型光源，使其在木盒的下半部分产生直接反射，这种用光方式有助于表现木盒富于光泽的表面。注意此处的直接反射也能表现木盒表面的部分纹理。

图4.20　画面左侧的直接反射用来表现木头的光滑表面，而右侧的漫反射则用来表现木头的大部分纹理和色彩。

由于光源面积比较大，足以覆盖在整个木盒表面产生直接反射所需的角度范围，所以我们用遮光板遮住了部分光线，使木盒的右侧表面只产生漫反射。在这一块漫反射区域，我们得以看到木头的色彩和纹理结构。注意右侧是唯一能够清晰看出木头表面真实色彩的区域。图4.21为这张照片的布光设置示意图。

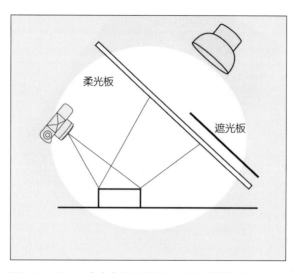

图4.21　图4.20中木盒的用光设置，光源能够同时产生直接反射和漫反射。

最后，如果我们不把自己局限在二维表面，这项工作将变得更加容易。如图4.22所示，如果我们在木盒表面放上一个三维物体，看看将会发生什么。

木盒上眼镜的反光影像会告诉观众木盒表面是光滑的。增加第二个被摄体可能比单独拍摄木盒的表现效果更好。

此外，在这种情况下增加三维被摄体通常会使用光变得更加简单。但我们不能过分追求这种表现方式，因为我们保证本章中的例证都是平面和近似平面的被摄体。

在下一章"表现物体的形状和轮廓"中，我们将看到当物体同时面向三个不同方向时会发生什么现象。

图4.22　眼镜为画面增添了立体元素，提供进一步的视觉线索（眼镜的反射）证明表面是光滑的。

将新技术和老技术结合起来

我们是以一个古典摄影技术的"当今"案例开始本章内容的。我们用来制作这一图片的技术是一种非常古老的摄影技术的现代版本。

第一步是将数字图像文件打印在一张透明的喷墨胶片上，形成一张底片。

接着，我们将橙色光敏乳剂涂在一块木板上（注意图中木板上的纹理）。然后将底片夹在一块玻璃和涂有乳剂的木板之间，采用最简单的方式进行曝光——在户外阳光下曝光15分钟。最后，我们使用图4.6中的标准翻拍设置，用数字相机将所得图像拍摄下来。结果如图4.23所示。

（请注意：我们使用的INKODYE染料和喷墨胶片可从Amazon.com和store.lumi.co/获得）。

A

图4.23A　用来制作的原始黑白图像。

B

图4.23B　印在涂有橙色乳剂的木板上的最终图像。

5

第5章　表现物体的形状和轮廓

在上一章中，我们主要探讨了拍摄平面物体或者近似平面物体时的用光问题及解决办法，也就是说，用光案例中的被摄体在视觉上只涉及长度和宽度两个维度。在本章中，我们将为被摄体加入第三个维度——深度。

例如，一个盒子是一个只能见到三个平面的组合体。因为我们已经掌握了为任何类型的表面提供有效照明的方法，所以我们也能够为这三个平面提供有效的照明。这是否意味着我们仅仅运用上一章介绍的原理就足够了？通常情况下这是不可能的。

只为单个表面提供有效照明一般是不够的，我们还要考虑其他彼此相关的表面。因此我们必须通过用光和构图来增加照片的深度感（立体感），至少也要形成深度的错觉。

拍摄三维物体需要专门的布光技术。我们将要演示的用光技术能够产生视觉暗示，这种视觉暗示会被我们的大脑理解为深度。

视觉暗示是整章中会不断提到的关键性概念，因此我们从描述视觉暗示的含义开始介绍本章内容。在完全不凭借视觉暗示的情况下通过照片来表现深度是非常困难的，然而绘制一幅这样的图画却很容易。图5.1就是一个例子。没有人能够确定这幅画想要表现什么，我们认为这是一个立方体，但你也有理由坚称这是一个中间画了一个"Y"的六边形。

图5.1的困难在于未能给我们的眼睛提供关键性的视觉暗示，从而使大脑通过处理来自视神经的信息后确定："这是一个三维图像。"我们确信让观者能够理解这个物体是一个立方体的唯一方法就是增加视觉暗示。

图5.2中具有大脑正在寻找的精确的视觉暗示，不妨将它与图5.1进行比较。

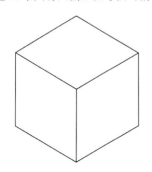

图5.1　这幅图未能提供让我们将其感知为三维物体的任何视觉暗示。

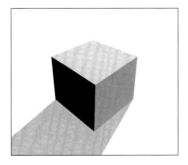

图5.2　我们在图中增加了能使大脑理解为深度所需的视觉暗示。

深度暗示

为什么第二幅图看上去比第一幅图更像三维物体？仔细观察，这幅图给了我们两个直接答案。第一个是透视变形：图中立方体的有些边看起来比其他边更长，而另一些边看起来更短，尽管我们知道立方体所有的边长度相等。角的度数也各不相同，尽管我们也知道所有的角其实都是90°。

除了透视变形，图中还有第二个使大脑感知到深度的暗示：影调变化。正如我们在图5.2中看到的，画面中不同影调的区别也有助于大脑感知或"看到"深度。

请注意，这些视觉暗示是如此强大，以至大脑能够感知到并不存在、并且从未存在过的深度！图中展现的并不是真正的立方体，它们只不过是纸上的一点墨水而已。摄影师在记录真实的被摄体时，实际深度是存在的，但在图片中深度却消失了。纸上或者显示器上的照片和绘画一样都是二维平面的。

摄影师若想保持画面的深度感，需要用到和插画家相同的技术。我们的工作通常比插画家的工作简单，因为大自然为我们提供了正确的照明与透视，然而情况并不总是如此。

透视变形和影调变化都会对用光方式产生影响。照明会产生高光和阴影，因此对影调变化的影响是显而易见的。用光与透视变形的关系虽不那么明显，但仍然是非常重要的。

拍摄视角决定了透视变形和产生直接反射的角度范围。通过调整视角来控制角度范围会改变透视变形，反之，通过调整视角来控制透视变形也会改变角度范围。

透视变形

物体处于较远的位置时会显得更小。此外，如果物体是三维的，那么较远的部分与较近的同样大小的部分相比会显得小一些。同理，同一物体较近的部分会显得更大一些。我们称这种现象为透视变形。

有的心理学家相信婴儿会认为远处的物体比实际的要小。没有人能够证明这一点，因为我们到了能够讨论这个问题的年龄时，大脑已经学会将透视变形解释为场景深度。我们的确知道后天学习是一个重要原因，然而在原始社会长大的人们，即使从未见过带直角的建筑，也不太可能被图5.3中的错觉所愚弄。

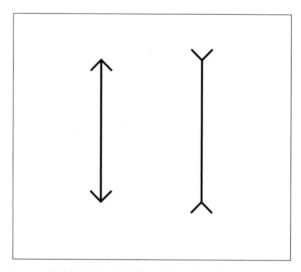

图5.3 长度相等的两条竖线，但大多数人会觉得一条比另一条要长。

暗示深度的透视变形

我们低头看铁轨时，眼睛会欺骗我们，然而大脑不会上当。铁轨似乎向远处会聚，但我们知道它们是平行的。我们知道即使在一英里以外两根铁轨也和我们现在站的地方一样保持着同样的距离。我们的大脑会说："铁轨只是看起来会聚了，那是因为距离变远的缘故。"

但大脑是如何知道铁轨距我们很远的呢？大脑回答说："因为铁轨看起来会聚了，所以距离肯定很远。"

我们假设大脑使用了更为复杂的思维程序，然而结果是相同的：透视变形是大脑用来感知深度的主要视觉暗示之一。控制了透视变形，我们也就能够控制图片的深度错觉。

摄影通常都是二维的。观者会注意到照片的长度和宽度，但不会注意纸的厚度。我们只是在照片上感知到深度，尽管这个深度实际上并不存在。图5.4证明了这一点。

图5.4　尽管这张照片是平面的，是场景的二维表征，但我们从中感知到了深度。

前景中的棋子显然在背景中的棋子前面。但"前景"和"背景"只存在于场景中，而不在这张照片中，它们的影像被印在一张平整的纸张表面。透视变形对于照片所传达的深度感具有至关重要的作用。

我们知道这个场景具有深度的一个主要原因是，方形棋盘上的线条——小而言之指上面的小方格——看上去变形了。事实上，构成棋盘形状的这些线条彼此平行。然而正如你所看到的，照片上显示的并非如此。就像我们之前讨论的铁轨，线条在想象中的地平线上会聚成一个点。这种变形给大脑一个强有力的视觉暗示，于是大脑就看到了长度、宽度和深度。

控制变形

虽然受到某些限制，但我们仍能够在照片中加剧或削弱透视变形的程度。这意味着我们能够控制照片传达给观众的深度感。

控制照片中的透视变形程度本身并不复杂。照相机距被摄体越近，变形越严重；反之，照相机距被摄体越远，变形越小。这是很容易做到的事情。

图5.5中我们看到了上述规则前半部分的效果。这是同一个棋盘，但照相机离棋盘更近。（当然，改变照相机距离同样也改变了影像大小，但我们通过剪裁使所有照片中的被摄体大小相同。）

图5.5　移近照相机会加剧透视变形，使向地平线延伸的平行线呈会聚趋势。这是大脑用以感知深度所需的视觉暗示之一。

我们可以看到较近的视点加剧了被摄体的变形程度。与图5.4相比，构成棋盘形状的线条看上去会聚感更强了。

图5.6中的情况正好相反。这次我们把照相机往远处移动。注意照片中棋盘的变形程度减弱了，线条的会聚程度明显小于前两张照片。

图5.6　随着照相机远离棋盘，平行线的会聚趋势似乎变弱了。

影调变化

第二个主要的深度暗示是影调变化。影调变化意味着被摄体存在着亮部和暗部。如果被摄体是一个立方体，理想的影调变化意味着观者会看到一个明亮的侧面，一个处于阴影中的侧面以及一个带有部分阴影的侧面。（为方便起见，我们使用"侧面"一词。如果立方体悬挂在我们头顶上方，这个侧面有可能是立方体的顶部，也有可能是立方体的底部。）有效的用光并不总是要求达到理想的影调变化，但理想状态仍然是我们用来评估用光质量的标准。

被摄体的亮部和暗部由光源的面积和位置决定。我们把面积和位置作为两个不同的概念处理，但它们并不是相互排斥的，其中一个可能会对另一个产生重要影响。例如一个大型光源会同时从很多不同的"位置"照亮被摄体。在下文中，我们将介绍这两个变量是如何相互作用的。

镜头会影响透视变形吗？

大多数摄影师第一次使用广角镜头时，他们认为这种镜头会带来大幅度的变形。这种想法并不准确，实际上是照相机位置决定了透视变形，而不是镜头。

为了证明这一点，我们用同一支广角镜头拍摄了这几张棋盘的照片。这意味着我们必须稍稍放大在中等距离拍摄的照片，并且大幅度放大在更远距离上拍摄的照片，使照片中被摄体的大小与在最近距离拍摄的影像大致相当。

如果使用长焦镜头，我们就不必放大这两张照片了，但我们展示的三张照片中棋盘形状有可能是相同的。

选择适当焦距的镜头有助于我们控制影像大小，使其适合传感器的尺寸。假设我们想使被摄体的影像充满整个传感器，那么短焦距镜头的机位会造成透视变形。

长焦距镜头允许我们从更远的机位进行拍摄，这可以将透视变形控制到最小，并且后期无需放大影像。在每个图例中，是机位而不是镜头决定了变形程度。超广角镜头和广角镜头都有可能产生其他类型的畸变，但这些畸变不属于透视变形。

光源的面积

选择面积大小适当的光源是摄影棚用光最重要的一个环节。对于户外用光，一天当中的不同时间和天气状况决定了户外光源的面积。

前面几章我们已经探讨了如何调整光源的面积大小，从而使阴影边缘清晰或柔和一些。如果两个阴影所记录的灰度相同，硬质阴影会比软质阴影更加突出。因此，硬质阴影通常比软质阴影更容易产生深度感。当我们理解了这一概念，我们的照片就有了另一个控制影调值也就是控制深度感的方法。

这似乎在说硬质光是更好的光线，但仅有深度并不能构成一幅优秀的照片。过硬的阴影可能会因过于突出而显得喧宾夺主。因为我们无法提出何种光源面积为最佳的硬性准则，我们会更详细地提出一些通用原则。

大型光源与小型光源

我们在第2章中讨论了以下基本原理：小型光源产生边缘清晰的阴影，而大型光源产生边缘柔和的阴影。大多数光源是小型光源，这是出于携带方便和经济成本的考虑。因此，摄影师更多时候需要的是放大小型光源，而不是缩小大型光源。

柔光屏、反光伞、柔光箱和反光板都会增加任何光源的有效面积，它们的效果都差不多。因为这些装置的拍摄效果相同，我们选择最便捷的一种即可。

如果被摄体体积很小，我们更有可能使用一个带边框的柔光板，以便将其放置在靠近被摄体的地方获得更明亮的照明。制作一块超大型的柔光板非常困难，因此我们通常用白色的天花板反射光源来照亮大型被摄体。

在室外，阴天的光线可以达到同样的效果。云层是极为出色的漫射体，能够有效地放大日光的面积。不过合适的室外光线取决于时间和地点，有时摄影师会花费数日时间等待天空中出现足够的云层。

如果没有时间等待最合适的天气，在摄影棚中使用的框型柔光板也同样适用于户外的小型被摄体。此外，我们还可以把被摄体放在阴影中，让广阔的天空代替小型直射日光作为基本光源（但是如果不进行色彩补偿的话，只有天空光照明的被摄体会明显偏蓝色）。

光源的距离

你可能会感到奇怪，在前一节中我们提到云层和天空是比太阳面积更大的光源。光源面积变化产生的效果必然与光源和被摄体之间的距离密切相关。

光源距被摄体越近，阴影就越柔和；光源距被摄体越远，阴影就越清晰。太阳对于生活在地球上的人来说只是一个小型光源，因为它距地球实在太远了。

请记住，大型光源之所以能够产生柔和的阴影是因为它会从许多不同的方向照亮被摄体，图5.7说明了这一点。但再请看看图5.8，当我们将相同的光源移到较远的位置时情况发生了什么变化。光源仍然向各个方向发出光线，但只有很小范围内的光线能够照射到被摄体。

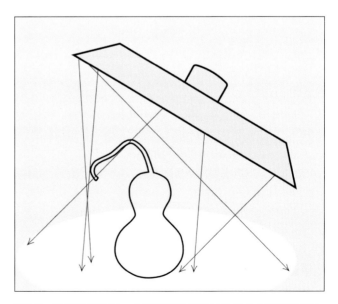

图5.7　靠近被摄体时，大型光源的光线从许多方向照射被摄体。光源越近，阴影越柔和。

使光源远离被摄体会缩小照射被摄体的角度范围，从而提高阴影的对比度。这是大型光源产生软质阴影、小型光源产生硬质阴影的另一种说法。光源离被摄体越近，光源面积相对于被摄体就越大。

在小房间内使用便携式闪光灯的摄影师有时会坚持说实际情况与之相反。他们说光源离被摄体越远，阴影反而更柔和而不是更生硬。这其实是因为把光源移到远处时会从周围墙壁上反射出更多的光线，房间本身成为更重要的用光部件。房间显然要比闪光灯大得多，所以这与我们说的原理并不矛盾。

光位

光位（光源相对于被摄体的方向）决定了被摄体的哪些部分处于亮部，哪些部分落在阴影中。来自任何方位的光线均有可能适用于任何特定的场合，但只有少数光位适合用来强调深度。

来自照相机方向的光线称为"顺光"，光线主要照亮被摄体的前面。顺光最不适合表现立体感，因为被摄体的可见部分都处于高光区域，而阴影落在被摄体后面照相机看不到的地方。由于照相机看不到影调变化，因此照片缺少立体感。因此正面光通常也称为平光。

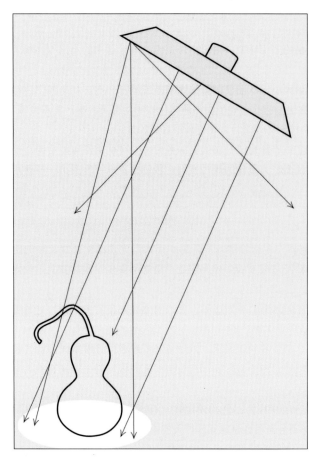

图5.8　光源远离被摄体会使照射被摄体的光线更趋于平行，从而产生边缘更为清晰的阴影。

然而，明显缺乏深度并不总是缺点，事实上有时还是一个优点：比如顺光人像照片会因为降低了皮肤的粗糙质感而显得更加好看。

逆光也无法表现物体的立体感。由于从被摄体后面照射，逆光在被摄体面对照相机的一侧产生了阴影。这固然可以增加戏剧性色彩，但如果没有其他光源，就无法表现被摄体的深度。

立体感需要同时通过高光和阴影来体现，因此介于顺光和逆光之间的光位能更好地表现这种感觉。这样的光位统称为侧光。在一定程度上，大多数有效的用光都是侧光。

静物摄影师通常使用顶光拍摄静物台上的物体。顶光与侧光在表现深度方面的效果一样，因为它们所产生的高光和阴影的比例相同。我们对这两者的选择完全与个人喜好有关，区别只在于我们想让高光和阴影出现在哪里，而不是各占多少比例。

直接来自侧面或者顶部的光线通常会将被摄体的太多细节隐藏在阴影中，因此摄影师可能会把光源设置在侧光和顺光之间的位置，这种折中性的用光被称为"四分之三用光"。

对何种被摄体采用何种光位，你拥有无可争辩的决定权。思考过程比我们提供的规则更重要。对于某一被摄对象，只要你认真考虑过某种光位能达到什么效果以及能在多大程度上实现你的目标，你的决定基本上就是正确的。

现在我们来观察真实的被摄体并确定有效的用光方法。被摄体是一个干葫芦，我们的目标是通过用光强调其在照片上的立体感。

侧光

将主光源放在被摄体的一侧，会在另一侧产生阴影，这种阴影是表现被摄体立体感的一种方式。在图5.9中我们使用高对比度的小型光源进行了这种尝试，这种光源能够使我们很容易地看到阴影。

这可能是一个不错的方法，但对桌面上的被摄体而言通常不是最佳选择。高光和阴影的结合的确能表现深度，但是所产生的硬质阴影却成了一个问题：它显得有点喧宾夺主了。

我们可以使用大型光源来改善效果，它能柔化阴影使其不至于太引人注目。然而，阴影的位置仍然会牵扯一部分注意力。（葫芦是主体，而不是阴影。也许有一天我们可能会把阴影作为主体，或者至少作为比较重要的第二主体。到那时我们会围绕阴影进行布光和构图。）

防止阴影分散注意力的唯一方法是柔化阴影，柔化到好像根本不存在的程度。但需要注意的是，阴影也证明了被摄体是放在桌子上的。没有阴影，大脑将无法判断被摄体是立在桌子上还是漂在桌子上方。

被摄体与背景的关系告诉观众关于场景深度的关键信息，要想传达这个信息必须保留阴影。因为我们并不是一定要去除阴影，那么就必须把它放在其他合适的地方。

顶光

在大多数照片的构图中，阴影最不引人注目的位置是在被摄体的正下方和前方。这意味着要将光源放在被摄体上方且稍微靠后一点的位置。

图5.10就是以这种布光方式拍摄而成的，现在，阴影成了被摄对象站立的一块"场地"。

尽管阴影的位置得到改善，但照片还是存在两个问题。第一个是被摄体仍然没有获得所需的立体感。被摄体顶部为高光区，但侧面与其他区域一样都是大致相同的灰色。左侧和右侧之间几乎没有影调差别，削弱了立体感。对很多摄影师来说，第二个问题是葫芦下面的阴影过于生硬。生硬的阴影显得过于突出，成了照片中的一个显眼的元素。

我们首先来解决硬质阴影的问题。在这个案例中我们使用了一个小型光源，它使我们更容易看到阴影的位置。现在你已经清楚地看到了阴影，我们将使其变得柔和一些。我们用一个大型柔光箱代替先前的小型光源，图5.11是布光示意图，图5.12是这

图5.9　阴影有助于大脑感知深度产生立体感，但在这张照片中阴影显得过于突出了。

图5.10　被摄体上方使用一个小型光源，使阴影变小以至不再那么突出，并且好像给了葫芦一块站立的"场地"。然而，阴影还是显得过于生硬。

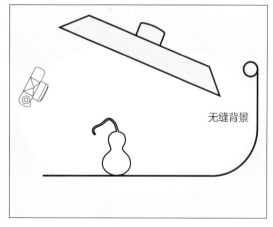

无缝背景

图5.11　柔光箱照明使阴影变得非常柔和并且不再那么引人注目。

图5.12　图5.11的用光效果。

光的弊端也会显现。图5.12能部分反映这个问题。虽然这种用光没有想象的那么糟糕，但最好给葫芦的正面多加一点光。

显然，这个问题的解决方案是增加另一个光源，以提升阴影区域的亮度。这种方法并不一定是最佳方案，而且也不总是非它不可的。在侧面使用辅助光源可能会产生明显的阴影，正如图5.9显示的那样。但在

种用光设置的效果。

注意在布光示意图中，柔光箱角度略微斜向照相机。这种倾斜并非必须，但很常见。它能够使无缝背景得到均匀的照明。还要注意由于光源离背景的上部更近，如果光源处于水平位置的话会让这个区域显得过于明亮。倾斜光源的另一个原因是如果我们决定运用辅助光的话，它能够在反光板上投射更多的光线。

辅助光

有时一个悬挂在上方的大型光源就可以满足需要了，但并非总是如此。如果被摄对象又高又细或者侧面是垂直的，这种用光方式就失效了。单个顶灯光源产生的影调变化可能过于极端。与顶部相比，被摄体的正面和侧面可能会过于黑暗。

即使对于那些薄的、扁平的被摄体，如果正面的细节特别重要而顶部不甚重要，这种用光的弊端也会显现。图5.12能部分反映这个问题。虽然这种用光没有想象的那么糟糕，但最好给葫芦的正面多加一点光。

照相机上方设置辅助光又会使被摄体的照明过于均匀，这会削弱我们试图表现的深度感。

我们可以使用尽可能柔和、暗淡的辅助光避免增添麻烦，只要它的亮度符合要求。如果辅助光很柔和，产生的阴影轮廓就不会过于明显。如果辅助光较为暗淡，阴影就不会太深太突出。

使辅助光变得柔和意味着光源的面积要足够大。辅助光越明亮，所需光源面积通常越大，但较暗的辅助光面积可以更小，它不会产生引人注目的无关阴影。

有时仅需一块反光板就可以提供足够的辅助光。我们可以将反光板放置在被摄体侧面或照相机的正下方。辅助光的强弱会影响被摄体的亮度和地面阴影的深浅。选择辅助反光板时应根据被摄体和背景的不同而变化。

拍摄图5.13时，我们在照相机下方靠近被摄体的位置增加了一块白色反光板。

图5.13　辅助反光板将上方柔光箱的部分灯光反射至葫芦的正面，以提升该区域的阴影亮度。

白色背景可能会反射大量光线，我们根本无需再用反光板。由于黑色背景反射的光线太少，我们可能需要更强的辅助光。

我们可以任意组合使用反光板和辅助光源，这取决于特定的被摄体需要多少辅助光。我们可能用到的最弱的辅助光是从被摄体所在位置的浅色背景反射出来的光线。

在这种情况下，我们或许也会在被摄体一侧放置一张黑卡纸，使两侧的辅助光不相等（在第9章的"白色对白色"的案例中我们会用到这种方法）。我们可能用到的最常见的辅助光是放置在被摄体一侧的大型柔光板后面的光源，而较小的银色或白色反光板放置在被摄体另一侧。

拍摄中使用的各种设备的位置安排决定了我们设置反光板的自由度。有时我们可以把反光板放在任何我们想放的位置，但在另外的场合下或许只有一种可以安排的位置，离被摄体足够近，不过总算还在成像区域外。后一种情况下可能要求我们使用白色而不是银色反光板。

银色反光板通常会比白色反光板反射更多的光线到被摄体，但并非一直如此。由于银色反光板产生的是直接反射，因此银色反光板的反射角度范围受到限制。在设备摆放拥挤不堪的情况下，银色反光板唯一可能的位置是放在不会向被摄体反射光线的角度。与此相反，白色反光板的大多数反射都是漫反射。由于白色反光板的反射角度要求不是很严格，所以与银色反光板相比，在某些位置它能反射出更多的光线到被摄体。

注意主光源的大小也会影响我们对反光板的选择。明亮、光滑的银色反光板会像镜子一样反射主光源，因此如果主光源是大型光源，大型银色反光板可以作为软质辅助光加以运用。

小型银色反光板反射出的是硬质辅助光，这与任何其他小型光源都是硬质光源的道理是一样的。然而，如果主光源是小型光源，无论银色反光板的面积大小，它的反射光则永远都是硬质辅助光。只有白色反光板是唯一能从小型主光源反射出软质辅助光的反光板。

最后，尽管背景通常能提供足够的反射辅助光，但要注意彩色背景的影响，尤其在被摄体是白色或者浅色时。从彩色背景反射出的辅助光会使被摄体出现偏色。

有时我们必须利用白色光源产生更强的辅助光，以克服由彩色背景引发的偏色现象。我们可能还需要用黑卡纸遮住部分背景以消除带有偏色的反射辅助光。

增加背景深度

在图5.11中我们使用了一张弯成弧形的背景纸。背景纸以图中方式悬挂，不仅能盖住被摄体所在的台面，同时也遮挡掉桌子后面的杂物。照相机看不到水平线，而且只要我们不让被摄体的阴影落在背景上，背景纸的柔和曲线同样看不到。大脑会认为整个背景都是水平的，并且在被摄体后面向无穷远处无限延伸。

为了让案例简洁明了，到目前为止我们只使用了简单的单一影调背景。但这种背景不仅会使画面显得单调枯燥，其用光方式也未能利用在背景中产生无限深度的错觉。然而，我们可以通过为背景提供不均匀的照明光线，从而使背景的深度错觉得到充分强调。

我们称这种不均匀照明为"渐变"。在使用该术语时，意思是指场景中从明亮到黑暗的过渡。渐变可以出现在照片的任何区域，但摄影师更经常在照片的上半部分采用这种方式。照片上部的渐变看上去比较舒服，而且操作起来也最容易，不会干扰主要被摄体的照明。

请看图5.14。注意图中背景的影调是怎样从前景中的明亮影调渐变为背景中的黑色影调的。前景和背景之间影调值的差异产生了另一种关于深度的视觉暗示。

图5.15显示了制造渐变的用光方法，我们要做的就是将光源更多地朝向照相机。用光的简单变化使落在后面的无缝背景纸上的光线变得更少。

图5.14　背景的不均匀照明（即渐变）能够为图片增加深度感，有助于将被摄体从背景中分离出来。

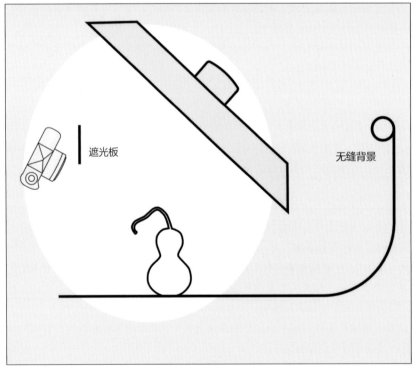

遮光板

无缝背景

图5.15　将光源更多地朝向照相机能够使背景产生渐变效果。照相机前方的遮光板对防止眩光通常是至关紧要的。

　　注意我们也在镜头前加用了一块遮光板。这是非常重要的设置，因为光源越是朝向照相机，使相机产生强烈眩光的可能性就越大。

防止眩光

眩光也称为"非成像光",它是一种光线的散射现象,通常出现在它不该出现的地方(稍后将详加介绍)。从技术层面看,眩光存在于每一张照片——但它们通常并不引人注目,也不会达到损害照片的程度。然而,图5.15所示的用光设置却有可能产生足以降低照片质量的眩光。

眩光可以呈现为不同形式。在图7.17中,它像一层灰雾或"面纱"笼罩了整幅照片。然而,在图5.16A中,眩光看上去全然不同,它并没有呈现为均匀分布的形式,而是呈现为不规则的条纹,遮挡住年轻女人面部的不同区域。在这张人像照片中,强烈的眩光是由低角度的太阳逆光而导致的。

尽管眩光通常令人生厌,有的摄影师还是会有意利用眩光来表现特定的视觉效果。在当今的时尚摄影或魅力摄影领域,这种用法尤为常见。

眩光可分为两种:镜头眩光和机内眩光。两种眩光的视觉效果相同,它们的区别在于光线散射的位置。

图5.16B显示了导致机内眩光的原因,并给出了预防眩光的办法。视场外的光线进入镜头后,从照相机的内部反射到传感器,从而降低了影像质量。所有照相机的内部都涂成黑色的,专业相机内部还设计有能够吸收大量外部光线的脊线,但没有一种照相机的结构能够完全消除眩光。

镜头遮光罩的主要目的就是遮挡来自画面外的杂光。但不幸的是,有时遮光罩不能向前延伸至足以防止眩光出现的距离。解决方法如图5.15和图5.16B所示,可将不透光的纸板用作遮挡杂光的遮光板。

如果光源为硬质光源,我们可以设置遮光板的位置使它的阴影刚好遮住镜头。但如果光源是软质光源,设置遮光板的位置会更加困难。遮光板的阴影可能会过于柔和,以致我们无法判断它何时才能完全挡住进入镜头的杂光。

因为我们通常是在全开光圈的情况下进行取景和聚焦的,所以在照相机中看到的影像景深极浅。景深过小可能会使遮光板的影像较为模糊,导致在遮光板进入画面时我们也难以发觉。要想把遮光板放到距画面足够近的地方以便发挥遮光作用,但是又不能遮挡画面,这是非常困难的。

还要记住,镜头上的玻璃镜片会像镜子一样反光。将照相机架在三脚架上,观察镜头的前端镜片,你会看到光源的反光,它们有可能导致眩光的发生。

将镜头前的遮光板移远一些,直到在镜头中看不到反射的光源为止。为保险起见再将遮光板略微后移。在这个位置上,遮光板既不会遮挡画面,又能够消除几乎所有的眩光。

A

图5.16A 注意这张照片上的眩光是不均匀的。

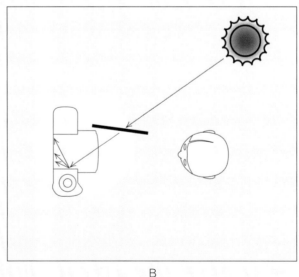

B

图5.16B 画面外的光线穿过镜头,在相机内部引起反射从而导致机内眩光。将光线遮挡在镜头之外是防止机内眩光的唯一方法。

理想的影调变化

我们已经谈到，具有三个侧面的盒子需要有一个高光面，一个阴影面，以及一个影调介于前两者之间的中等影调面。我们还没有谈到高光面应该亮到什么程度或者阴影面应该暗到什么程度。事实上，我们在本书中还从来没有谈到具体的用光比率，因为它必须根据具体的被摄体和个人习惯而定。

如果被摄体只是一个简单的立方体，任何侧面都没有什么重要的细节，我们可以将阴影处理成黑色而将高光处理成白色。然而，如果被摄体是即将出售的产品的包装，那么在每个侧面都可能会有重要的细节。这就要求与第三个中等影调面相比，包装盒的高光面只需稍亮一点，而阴影面只需稍暗一点。

拍摄圆柱体：增加影调变化

现在我们来探讨表现圆柱形物体的相关问题。

图5.17中的火箭模型是一个基本呈圆柱形的物体。但是由于缺少影调变化，这张照片并没有充分表现出模型的真正形状。因为光线比较均匀地照射在模型的整个表面，模型显得较为扁平，缺少明显的立体感。

这张模型照片没有提供充分的视觉暗示，使大脑对模型的形状做出准确判断。问题就在于火箭的"侧面"没有清晰的分隔边缘。它的阴影与高光逐渐融合成一片，导致维度间的区别部分失去了。

这个问题的解决方法是在画面中增加更丰富的影调变化。圆柱形物体通常需要比方形盒子更明亮的高光或更黑暗的阴影。图5.18为调整用光方式后所得到的火箭模型照片。

达到这一效果的一种简单用光方式（也正是我们使用的）是将光源放置在模型的一侧，而将黑卡纸放置在另一侧。通过使模型一侧获得比其他部分更多的照明，在模型表面产生从高光到阴影的充分变化从而获得深度感。

然而不幸的是，把光源放在被摄体一侧产生了另一个问题，被摄体的阴影会投射在摄影台表面。正如之前所看到的，如果阴影落在图片底部、被摄体下方，则不可能成为显眼的构图元素。

牢记以上各点，在这些情况下如果把主光源放在圆柱形被摄体的一侧，我们通常会使用更大型的光源。这样会进一步柔化阴影，使它不易分散观者的注意力。

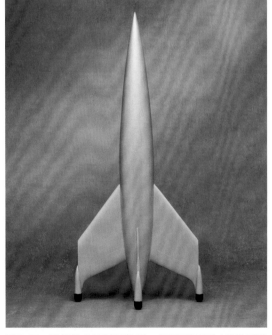

图5.17　被摄体大致呈圆柱形，但平光不足以提供足够的视觉暗示来表现其真实形状。

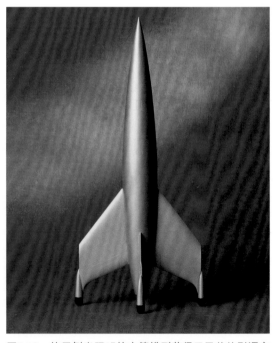

图5.18　使用侧光照明使火箭模型获得了显著的影调变化——这是大脑感知深度所需要的视觉暗示。

拍摄有光泽的盒子

在第4章中我们已经知道，良好的用光需要区分漫反射和直接反射，并且对选用何种反射做出理智决定。我们所说的照亮简单平面的每一种方法都同样适用于由一组平面构成的三维物体。

到目前为止，在本章中我们已经探讨了透视变形、光源面积、光位等问题，这些因素都决定了照相机是否处于能够产生直接反射的角度范围内，是否能够看到光源。现在我们来探讨一些特殊的用光技术，它们有助于拍摄表面光滑的盒子。

请看图5.19，这个示意图中是一个有两个角度范围的光滑盒子，一个在盒子顶部产生直接反射，另一个从盒子前面产生直接反射。（大多数时候照相机的拍摄视角要求摄影师处理三个角度范围，但示意图只需处理顶部和正面的角度范围，这更便于我们理解。）

我们的第一个用光选择是需要直接反射还是避免直接反射——换句话说，光源应该放在角度范围内还是角度范围外。

图5.20是一个表面极富光泽的古董木盒。因为它非常光滑，所以顶部木材的大部分细节因直接反射而变得模糊不清。

通过将光源放置在产生直接反射的角度范围外，我们可以对损失的细节进行补救。通过下面一系列步骤我们可以达到这一目的。

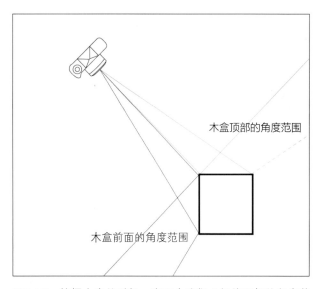

图5.19　拍摄木盒的时候，有两个我们必须处理好的角度范围。在这两个角度范围的光源都会产生直接反射。

图5.20　盒子顶部的大部分细节均因直接反射而变得模糊不清。我们可以通过把光源放在产生直接反射的角度范围外进行补救。

使用深色到中灰影调的背景

首先，应尽可能使用深色到中灰影调的背景。如图5.19所示，使被摄体产生眩光的途径之一就是通过背景反射。此外，位于摄影台上方的光源会在木盒侧面产生直接反射。

如果使用的是无缝背景纸，那么上半部分的背景纸会将光线反射到盒子顶部。背景越暗，反射光就越少。对于某些被摄体可能仅需这一步就足够了。

不过有时你可能不想要深色背景。在另外的情况下，你会发现产生直接反射的光线来自别的地方，而不是背景。不管哪种情况，下一步都是相同的——找到产生直接反射的光线并将其去除。

消除盒子顶部的直接反射

有若干种有效的方法可用来消除盒子顶部的直接反射。我们可以单独使用其中一种，或者根据其他拍摄要求将这几种方法结合使用。

使光源朝向照相机

如果照相机机位较高，顶光就会在盒子顶部形成反射，使用柔光箱时尤其如此。这样的光源面积很大，至少部分灯光会落在角度范围内。如果浅色背景也在盒子顶部形成反射，将导致直接反射变得更明亮，照片也就更糟糕。

对于上述情形，一个补救方法就是将柔光箱朝向照相机。按图5.21所示的方法，能够清晰地再现木盒顶部的细节。

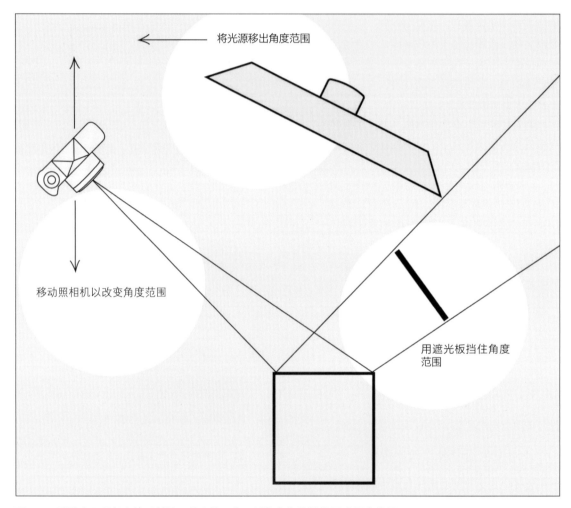

将光源移出角度范围

移动照相机以改变角度范围

用遮光板挡住角度范围

图5.21　消除盒子顶部直接反射的几种方法，你可以将它们单独使用或组合使用。

升高或降低照相机

移动照相机也会改变角度范围。如果顶灯光源在盒子顶部形成直接反射，通过降低照相机位置调节角度范围的方法，可使光源移出角度范围之外。如果采用了低位光源，光源的上半部分光线会在盒子顶部形成直接反射，那么升高照相机位置会使摄影棚内背景上方和后方的反射取代低位光源的反射（图5.22）。好在让摄影棚的后面及上方区域保持黑暗并不是一件复杂的事。

运用渐变技术

如果无法使用深色背景，我们至少还可以压暗会在木盒顶部产生直接反射的部分背景。运用渐变技术可以达到这个目的。尽可能控制从背景反射出来的光线，到达木盒表面的光线越少，木盒反射出的光线也就越少。

消除盒子侧面的直接反射

消除光滑的木盒顶部的大部分直接反射，是一件相对简单的事情。然而，在试图消除木盒侧面的直接反射时，事情变得困难起来。

在台面上放置黑卡纸

黑卡纸会压暗被摄体的部分表面，并消除部分被摄体的直接反射。图5.23显示了使用黑卡纸拍摄的结果。我们只打算消除某些直接反射、其他部分保留不变时，这是一种特别有效的技术。

再次回顾图5.19，如果木盒的侧面完全垂直，除非将黑卡纸放到尽可能靠近被摄体底部的位置，否则它不可能充满整个角度范围。尽管如此，把黑卡纸放到尽可能靠近被摄体的位置而又不侵入成像区域，通常是进入下一种技巧的良好开端。

图5.22　这张照片是向前移动柔光箱的拍摄结果，盒子顶部的细节现在非常清晰。

图5.23　将黑卡纸放置在木盒右侧以消除侧面多余的直接反射，有助于恢复失去的表面细节。

倾斜木盒

有时你可以抬高木盒正面以消除大量令人生厌的眩光。这种策略是否奏效取决于被摄体的形状。

例如，电脑和厨房电器之类的被摄体一般高度较低，在它们的下面垫上小型垫脚时，使垫脚藏在被摄体阴影里并不复杂。然后倾斜相机使被摄体看起来处于水平位置就可以了，这种小技巧通常是难以察觉的。

如果假定台面上的盒子是平放的，照相机会很容易看出盒子并没有处于水平位置。我们可以使盒子稍微倾斜一点，或者保持它原封不动。但哪怕是小幅度的倾斜也非常有用，尤其是在使用下面的技术时。

使用长焦镜头

有时使用长焦镜头可以解决问题。如图5.24所示，长焦镜头能够使照相机远离被摄体进行拍摄。

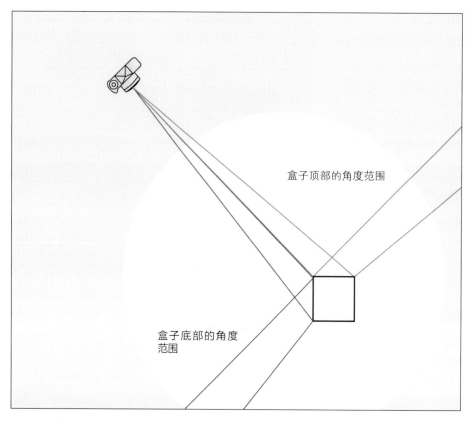

图5.24　使用长焦镜头有时有助于消除多余的反射。将这幅图中更远的视点与图5.19相比，可以看出照相机移得越远，所产生的角度范围越小。

正如我们所看到的，图中的角度范围小于图5.19中的角度范围，这意味着被摄体反射的台面光线少了。

其他消除直接反射的方法

如果仍有部分直接反射使细节变得模糊，以下方法可以将其彻底消除。

使用偏振镜

如果产生直接反射的是偏振光，使用镜头偏振镜便可将其消除。我们建议将这个方法作为首选补救方法，用于前一章介绍过的同时表现多种不同性质表面的情况。

然而，如果被摄体是表面光滑的盒子，我们通常将偏振镜作为一种终极手段，这是因为光滑的盒子通常不止一个侧面会发生偏振反射。

不幸的是，来自一侧的偏振反射的方向可能会垂直于另一侧的偏振反射。这意味着当偏振镜消除了一种偏振反射时，却显著地增加了另一种偏振反射。

因此，我们应首先尝试前面的步骤。如果留下的直接反射是最难消除的，不妨再使用偏振镜来减少这种反射。如果之前的补救方法已经奏效，在其他侧面略微增加的一点直接反射也就无关紧要了。

使用消光剂

的确，有时会发生可怕的事情！有时使用上面介绍的任何方法都无法消除环境、被摄体以及视点变化而产生的反射。在这样的"黑暗"时光里，我们可能会被迫使用消光剂。但这或许（也仅仅是或许）需要一点点运气，否则会产生令人无法接受的结果。

　　值得注意的是，消光剂会降低你试图保留的图像细节的清晰度。如果被摄体的细节非常精细或比较精细，清晰度的降低可能会比直接反射造成的对比度降低带来更大的破坏力。

　　此外，当你往被摄体上喷洒消光剂时应非常小心，因为消光剂这样的化学用品并不总是能与被摄体和谐共处。正式使用前应该在被摄体的次要部位用少量消光剂试验一下，不采用这样的预防措施有可能会招致灾难性的后果。

使用直接反射

　　我们用光滑的木盒作为案例，以证明直接反射具有明显的破坏性。但是如果直接反射没有使细节变得模糊不清，我们通常更愿意将直接反射最大化而不是消除它。

　　毕竟，如果直接反射对表面至关重要，利用这种反射会产生看上去特别真实的影像。在下一章中我们将详细探讨这一特殊技术。

6

第6章　表现金属物体

　　许多学生和刚入门的摄影师认为金属物体是一种最难拍摄的被摄体，觉得让他们拍摄金属物体简直就是前所未有的残酷惩罚。然而，当他们掌握了要领后，就会发现其实真理就在身边。表现金属物体并不困难，摄影教师在布置这样的任务时，并不是出于故意整人的目的。

　　有几种典型的被摄体是所有摄影师在学习用光时总会遇到的，这些被摄体教会我们基本的用光技术，使我们能够应付任何被摄体的拍摄。金属物体有充分的理由成为一种典型被摄体。经过抛光的明亮金属物体，几乎只能产生非偏振光直接反射，这种永恒不变的特性使金属物体成为真正令人愉悦的被摄对象。一切都是可以预先控制的，在开始布光前我们就能知道所需光源的面积大小。

　　此外，在无法把光源设置在能够产生有效照明的位置时，我们也能在进程当中及时发现问题。我们不能投入大量时间只是为了证明我们正在尝试的工作无法完成，我们必须从一开始就完成正确的用光设置。

　　同时，因为金属物体的直接反射基本不会受到其他类型反射的影响，所以掌握这种反射的特性非常容易。因此，学习拍摄抛光金属物体有助于培养摄影师随时随地了解并控制直接反射的能力，即使有其他类型的反射出现在同一画面中也是如此。

　　在本章中我们将介绍一些新的概念和技术。最重要的被摄体也是最简单的被摄体——平面的、明亮的抛光金属体。在场景中没有其他物体的情况下，一件平面金属物体的用光非常简单，甚至无需太多思考或者了解相关理论。但这种简单的被摄体可以演示最精致复杂的用光技术——这种技术最终甚至有可能帮助摄影师完成最困难的工作。

　　下面讲到的大部分内容均基于产生直接反射的角度范围。我们在第3章介绍了角度范围的概念，在其后每一章节中我们一直使用这个概念。但在其他章节中，这个概念都不像在处理金属物体时变得这么至关重要。

拍摄平面金属物体

　　明亮的抛光金属物体就像一面镜子，可以反射周围的一切。这种与镜子相似的特性意味着我们在拍摄金属物体时不会只拍到它本身，还会将周围的事物（或者说环境）拍摄进来，因为它们会被金属物体表面反射出来。这意味着我们在拍摄金属物体前必须准备一个合适的环境。

我们知道直接反射与被摄体和照相机有关，它由有限的角度范围内的光源产生。因为金属物体会反射环境光，所以角度范围越小，我们越不必担心环境光的影响。一小块平面金属物体只有一个很小的能够产生直接反射的角度范围，因此非常适合作为我们讨论金属物体用光一般原理的最简单的例子。

图6.1所示为一块平面金属物体和一台照相机。注意照相机的位置在任何有关金属物体的用光示意图中都是非常重要的，因为角度范围取决于照相机相对于被摄体的位置。因此，照相机和被摄体的关系至少和被摄体本身一样重要。我们知道只有图中显示的有限角度范围内的光源才能够产生直接反射。

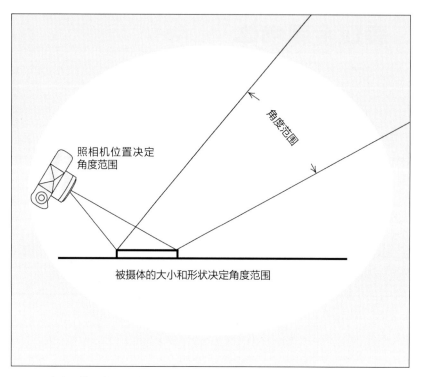

图6.1　产生直接反射的角度范围取决于照相机相对于被摄体的位置。

表现金属物体的明暗

第一也是最重要的就是拍摄这块金属物体时，我们想要它呈现什么样的亮度。我们是想让金属物体看起来亮一点、暗一点，还是介于两者之间？我们的选择决定了用光方式。

如果我们想让金属物体在照片中显得亮一些，应该确保光源能够覆盖在金属物体上产生直接反射的角度范围。如果我们想让金属物体在照片中显得暗一些，则需要把光源移到其他角度。无论哪种选择，拍摄金属物体的第一步就是找到这个角度范围。一旦角度范围确定，后面的工作就简单了。

确定角度范围

多加练习能够使我们很容易地预见角度范围的位置。经验丰富的摄影师通常一下子就能将光源放在相当接近理想位置的地方，然后根据取景器里的影像稍加调整即可。然而，如果我们从来没有尝试过金属物体的用光，想象角度范围在空间中的哪个位置可能会较为困难。

我们将为你演示如何准确确定角度范围的技巧。你可以经常使用这种方法，也可以只在比较棘手的情况下根据需要采用这种方法。无论哪种情况，这一技术的简化操作已经能够满足大多数拍摄要求。如果这是你第一次尝试拍摄金属物体，建议将以下所有步骤至少尝试练习一次。

通过白色目标确定角度范围

白色目标可以是任何随手可得的大型平面板材，最简便的就是你最后会用来为金属物体提供照明的大块柔光板了。图6.2标出了两个可能的位置，可以在金属物体上方的这两个位置上悬挂一大块柔光板。

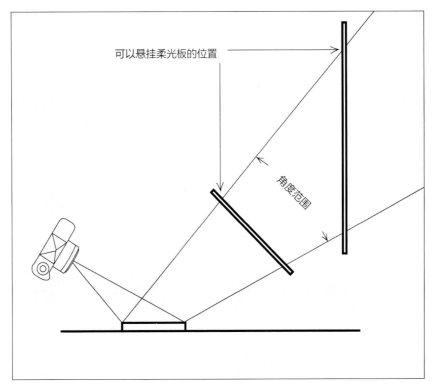

图6.2　在该试验中可用来悬挂测试板的位置，也是在打算把金属物体拍得更亮一些时柔光板的悬挂位置。

此时在该点你并不知道角度范围的准确位置，不妨用一块比预想的角度范围更大的白板做试验。你越是不确定角度范围的位置，所需白色测试板的面积越大。

将测试灯放置在照相机镜头处

所谓 "测试灯"，是为了区别于我们用来拍照的光源。测试灯的光束应比较狭窄，在照亮金属物体的同时不能照亮周围区域。小型聚光灯是一种比较理想的测试光源，但如果能够保持室内黑暗，闪光灯也可以满足要求。

如果从近距离拍摄小型金属物体，测试灯必须准确放置在镜头位置，这可能需要暂时将照相机从三脚架上卸下来。如果是机背取景式照相机，那么你也可以暂时卸下镜头和机背，将测试灯放在照相机后方，使灯光穿过照相机对准被摄体照射。但是使用这种方法一定要小心谨慎！摄影灯距离黑色的机身过近时会使照相机迅速升温，可能会对相机造成非常严重的损害。

当照相机使用长焦镜头且距被摄体非常远的时候，通常无需将测试灯精确地放在相机位置处，只要使它尽可能靠近镜头，对于大多数拍摄工作就已经比较理想了。

将测试灯对准被摄体

将测试灯对准金属物体表面距离照相机最近的点，光线就会从金属物体表面反射到测试板的表面。正如我们在图6.3中所看到的，反射光照射到测试板表面上的点为角度范围的近限，用胶带在该点做上标记。

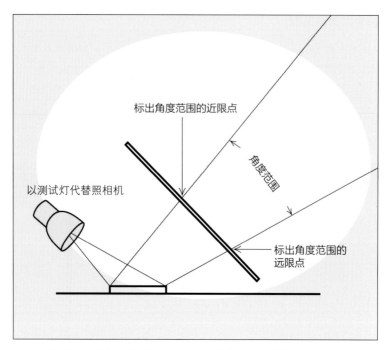

图6.3　位于照相机位置的测试灯通过金属物体表面反射出来的光线标出了角度范围的位置。简讯：本书上一版出版之后，一位聪明的读者建议用激光教鞭作为测试灯，效果应该会更好。

　　如果测试光束足够宽，能够覆盖金属物体的全部表面，在其后的测试过程中你可以不必移动测试灯而将其保持在原位。但如果测试灯只能照亮部分表面，那么请接着将其对准金属物体上距离最远的点，从该点反射的光落在测试板表面即为角度范围的远限。再次用胶带在该点做上标记。

　　同样，标出需要确定角度范围位置的所有点，点的数量取决于金属物体的形状。你至少需要标出角度范围的近限和远限。如果金属物体是矩形的，你需要考虑将四角而不是四边的光线反射至测试板表面。

研究测试板表面反射区域的位置和形状

　　光源或遮光板从来都不需要精确地对应角度范围，但利用这个机会了解一下角度范围的确切位置显然大有裨益。现在稍微花费一点工夫以后会得到回报的。现在对角度范围进行精确测定，在以后的拍摄工作中就能快速地推测其位置，而无需从头开始重新测量一次。

　　应特别注意的是，从金属物体底部边缘反射的光点对应测试板表面顶部的界限标记，反之亦然。记住，不管是何种类型的表面，这样都有助于更快捷地找到眩光或亮斑的来源。

　　本次试验所证明的关系也适用于其他照相机和被摄体的位置关系。图6.2为照相机从侧面拍摄台面上一小块金属物体的示意图。当然也可以将其理解为拍摄正面带有玻璃幕墙的大楼的俯视示意图，测试板表面标记出来的区域和大楼反射的天空光相对应。

金属物体的用光

　　采用前面介绍的测试方法，或根据经验做出判断，或将二者结合使用，我们就能找到在金属物体上产生直接反射的角度范围。下一步，我们必须解决让金属物体在照片上看起来亮一些还是暗一些的问题。这是一个非常重要的步骤，因为它会导向两种全然相反的用光设置。

　　在有的照片中，需要将金属物体表现为白色，而场景的其他部分尽可能深一些。在另外的照片中，我们会在高调场景中将金属物体表现成黑色。我们更多地希望能够获得介于这两种极端状况之间的效果，但如果学会了极端的用光方法，则更容易掌握其他折中的用光方法。

使金属物体变得明亮

因为摄影师通常会让照片中的金属物体显得非常明亮，我们首先来解决这个问题。假设我们想把金属物体的整个表面都拍得很明亮，那么所需光源至少应能覆盖产生直接反射的角度范围。

注意，因为抛光的金属表面几乎不产生漫反射，来自其他角度的任何光线都不会对金属物体产生实际影响，无论这些光源有多亮或曝光时间有多长。

刚好能够覆盖角度范围的光源面积是我们可以应用的最小面积，认识到这一点也很重要。下面我们会向你证明为什么我们习惯使用比最小光源面积大的光源。现在，我们假设最小面积的光源已经足够了。

图6.4为一种可能会用到的用光设置。我们在柔光板上方的吊杆上设置了一盏灯，并调整灯头到柔光板的距离，使光束大致能覆盖我们之前标出的角度范围。

我们也可以采用一块不透光的白色反光板取代柔光板，然后按图6.5中的方式布置光源。将聚光灯靠近照相机，聚焦光束使其大致覆盖标出的角度范围。它照亮被摄体的效果和透过柔光板的光源一样。

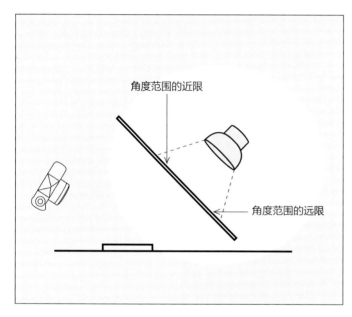

图6.4　确定主光源的位置，使其覆盖图6.3中标出的角度范围。

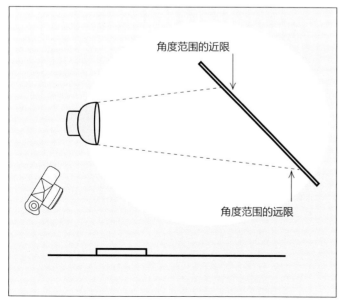

图6.5　图6.4的一种替代用光方式，使用一块不透光的白色反光板，聚焦聚光灯光束使其覆盖标出的角度范围。

　　大多柔光箱无法调节灯头到前方柔光板的距离。它的灯头固定在柔光箱内，非常均匀地照亮柔光箱的整个正面区域。然而如图6.6所示，我们可以通过在柔光箱前面蒙上黑卡纸的方式限制光源的有效面积，以获得与上图类似的布光效果。

　　我们采用这三种布光方式中的第一种，拍摄放在白纸上的明亮的抛光金属抹刀，效果如图6.7所示。

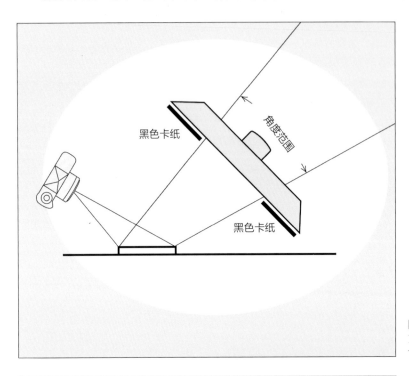

图6.6　图6.4的第二种替代用光方式，使用柔光箱，并通过黑色卡纸调节光源的有效面积。

图6.7　白色背景上的明亮的金属抹刀。你知道为什么白色的背景看上去会这么暗吗？

和预想的一样，金属抹刀呈现为一种令人愉悦的浅灰色。如果你从未用过这种布光方式，你可能不会想到"白色"的背景会变得这么暗！这就是这种用光的必然结果。这张照片采用了"标准"的曝光。

怎样才算金属物体的"标准"曝光

在图6.7中，因为金属物体是重要的拍摄对象，我们只需使它曝光正确便可，背景是可以忽略的。但被摄体怎样才算"曝光正确"呢？一种有效的方法是测量金属物体上的点测光读数，并记住要比测光读数增加2~3挡进行曝光。（测光表告诉我们将金属物体拍成18%灰度的读数，但我们想让它更明亮一些。照片需要达到什么程度的亮度是一个创造性的决定，而不单纯是技术问题。2~3挡的曝光补偿属于合理范围。）

切记，在之前的案例中，我们尽可能使金属物体显得更明亮，完全没有顾及其他方面。因为金属物体除直接反射以外几乎不产生其他反射，所以它在照片中的亮度近似于光源的亮度。如果金属物体是主要被摄体，那么通过测量灰卡的反射读数是不太可能获得适当曝光的。曝光的一般法则是让我们精确地确定中性灰，从而让白色和黑色落在它应处的位置。但当主要被摄体比18%的灰卡亮得多时，一般法则就不适用了。因此，这种场景的"合适"曝光会使白色背景呈现为深灰色。

然而，假设金属物体不是唯一重要的被摄体，这种情况甚至在这种简单的场景中也可能发生。这幅画面上没有别的重要物体，但如果用作广告，要求在影像区域设计黑色的字体，为了使字体清晰易辨，白色背景就非常关键了。

在这种情况下，灰卡读数可以使白色背景获得非常合适的曝光，但却会造成金属物体的过度曝光。遗憾的是，没有一种"标准"曝光能够同时适用于金属物体和白色背景。如果二者都是非常重要的被摄体，我们必须对场景重新布光。下面我们就来介绍几种布光方法。

使金属物体变得深暗

前文我们探讨了如何使金属物体尽可能显得明亮。现在我们将重新布光，使金属物体尽可能显得灰暗。理论上讲，没有比这个更容易的了。我们要做的只是从任意方向为金属物体照明，只要在产生直接反射的角度范围之外就行。一个简便的方法就是将光源靠近照相机。下面我们来演示可能会产生的效果。

图6.8显示的光源位置是许多有效位置中的一种。注意，如果我们想要使金属物体呈现灰暗的影调，我们先前确定的角度范围现在绝不能放置光源。

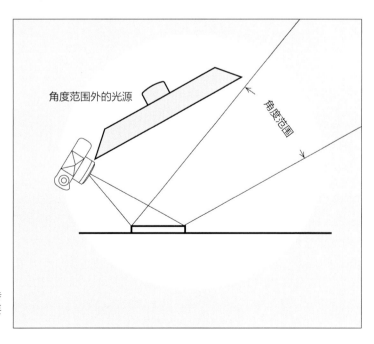

图6.8　该光源位置是能够让我们保持金属物体灰暗的诸多位置之一，重要的是要将光源放置在角度范围外。

尽管角度范围仍然在图中标出，但要注意标出角度范围的白色测试板已经不见了。如果我们仍将测试板放在该位置，它就会像一个附加光源一样反射出部分光线。

图6.9证明了这一原理。照片生动地显示了当我们将光源设置于在金属抹刀上产生直接反射的角度范围之外的拍摄效果。图6.8中的用光设置只会产生漫反射，因为金属体无法产生较多的漫反射，所以显示为黑色。而纸张能够对任何方向的光源产生漫反射，因此呈现为白色。

图6.9　光源位于抹刀反射的角度范围外，金属表面没有直接反射，因此在照片中显示为黑色。

入射光读数、灰卡读数或白纸读数（有适当曝光补偿）都是非常合适的曝光指标，它们几乎适用于任何均匀照明和极少（或没有）直接反射的场景。对于既缺少直接反射、黑色的主要被摄体也不在阴影中的场景，我们无需考虑纯白或纯黑的情况，使中性灰正确曝光才是我们需要考虑的问题。

除了说明这个原理之外，我们不大可能将图6.8中的布光方式作为一个场景的主要用光。图中软质阴影的位置无助于描绘被摄体的形状。有鉴于此，我们现在来看同一个被摄体稍微复杂一点的布光情况。这种方式在保持金属物体表面为黑色的同时，能够对令人讨厌的阴影进行补救。

假定我们用来标定角度范围的测试目标比覆盖该角度范围所需的最小面积大很多。如果我们要照亮被摄体表面除标记为角度范围的每一个点，则需要一个大型的柔和光源，同时它仍能够使金属物体呈现为黑色。图6.10显示了获得理想结果的用光设置。

注意我们已经往后移动了光源，以尽可能均匀地照亮整块柔光板。然后我们加上了一块遮光板，其面积和形状刚好能够覆盖金属物体的角度范围。图6.11为最终结果。

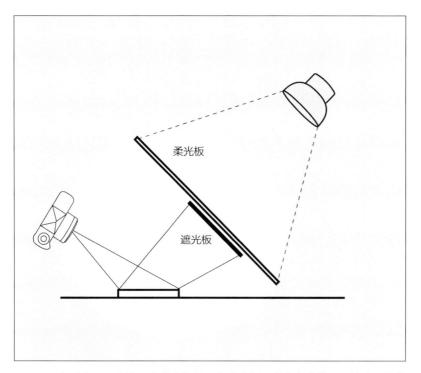

图6.10　大型光源柔和地照亮整个场景，但遮光板覆盖住角度范围，使金属物体呈现为深暗影调。

图6.11　拍摄这张照片时，我们使用一块遮光板挡住金属物体反射的角度范围，这种设置压暗了抹刀的影调。

使用柔光箱代替吊杆上的光源和柔光板也会收到很好的效果，但使用不透光的白色反光板效果就稍逊一筹，因为照亮反光板的灯光同样会照亮遮光板。尽管遮光板是黑色的，它也会更像反光板而不是遮光板。因为黑色的遮光板在吸收一部分光线的同时也在反射另一些光线，这不是演示上述用光设置的好方法，然而这可能是所有方法中最合适的一个折中方法。

巧妙的平衡

我们几乎从不单独使用将金属物体表现为明亮或深暗的用光技术，而是更多地将两种技术结合使用，在两个极端之间寻求一种平衡。

图6.12就是一种平衡。这幅照片采用了覆盖金属物体直接反射的角度范围的光源，加上使背景产生漫反射的其他角度的光源。

图6.13、图6.14和图6.15显示了几种可以拍摄出这幅照片的用光设置，每一种设置都同时使用了来自角度范围内以及其他方向的光源。我们实际使用的是图6.15中的用光设置，但其中任何一种设置都能产生相同的效果。最佳方法就是使用手头上现有设备即可实现的方法。

图6.12　图6.7和图6.9的精巧平衡。光源覆盖了金属物体产生直接反射的角度范围，来自其他角度的光线在背景上产生漫反射。

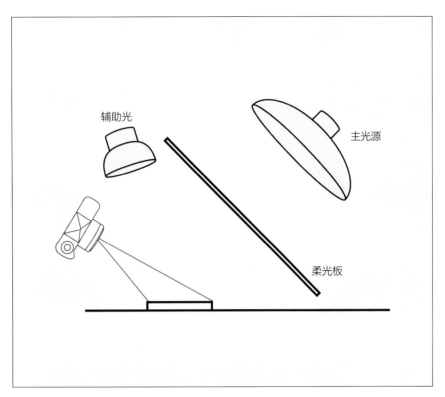

图6.13　图6.12中抹刀的一种布光方法。主光源位于角度范围内，在抹刀上产生较大的、明亮的直接反射，同时辅助光照亮了背景。

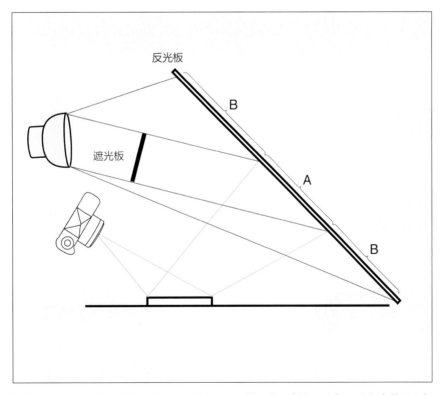

图6.14　图6.12中抹刀的另一种布光方法。遮光板挡住了射向反光板上的角度范围（标记为A）的光线，但没有挡住射向反光板其他部分（标记为B）的光线。

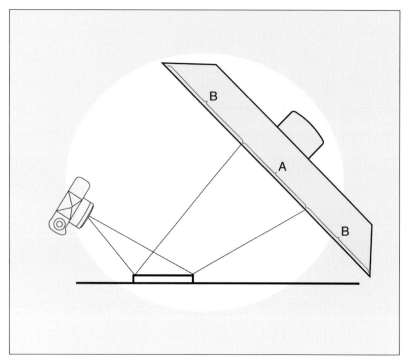

图6.15　柔光箱上角度范围（A）之外的部分（B）只照亮背景，不照亮金属。

在这些演示中，最重要的一点并不是说服你只有平衡的用光方法才能够拍出最佳照片，而是让你理解"想法"才是通往成功之路。

我们能够精确地决定金属物体处于灰阶的哪个位置。金属物体的精确影调完全能够独立于场景的其他部分进行调控，它可以处于黑和白之间的任何灰度级别，一切由摄影师的创造性判断所决定。

例如，如果我们采用图6.13的用光设置，通过增加柔光板上方的光源功率能够使金属物体更加明亮；或者我们在靠近照相机的地方放置更明亮的辅助光，从而使背景更加明亮。这样运用这两种光源就能够随意控制金属物体和背景的相对亮度。

如果光源面积足够大，即使只有一个光源也可以产生极好的控制效果。我们回顾一下图6.15中的单个柔光箱，注意整个光源在纸张上产生漫反射，但只有覆盖住角度范围的部分能够在金属物体上产生直接反射。柔光箱的发光面位于角度范围内越多，金属物体就越明亮。然而，如果柔光箱面积很大，但只有很小一部分表面处于角度范围内，那么背景将更明亮。

光源与被摄体之间的距离决定了会有多少光源处于角度范围内。

控制光源的有效面积

在前文中我们已经了解到光源面积是摄影师最有力的操纵工具之一，还了解到光源物理面积的大小并不必然决定有效面积的大小。将光源距被摄体更近一些，其特性便相当于大型光源，能够柔化阴影，扩大某些被摄体的高光区。将光源移远一些效果则相反。对于明亮的金属物体而言，这个原理更具重要意义。

图6.16中，照相机和被摄体之间的关系与之前的案例相同。现在，同一个柔光箱有两个可能的位置：一个位置距被摄体比前述案例更近，而另一个则更远。

我们预想，光源越近背景会越明亮，但金属物体的亮度却不会改变，因为直接反射的亮度不受光源距离的影响。图6.17证明了我们的预想：移近光源使背景更明亮，同时金属物体的亮度却不受影响。不妨将这一结果与图6.12柔光箱放置在较远位置的结果相比较。同样，将光源移至距被摄体更远的位置时会使背景变暗，但仍然不会影响金属物体的亮度。

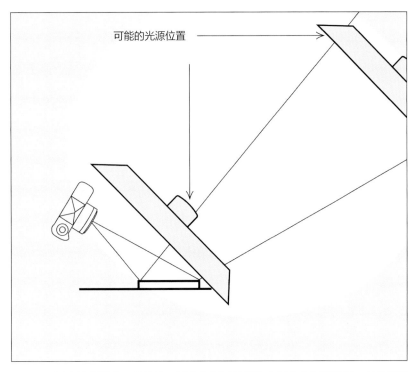

图6.16　柔光箱的两个可能位置。两个位置同样能为金属物体提供照明，但光源距离被摄体越近，背景越亮。

图6.17　将该图与图6.12进行比较，移近柔光箱会使背景更亮而抹刀不受影响。

改变光源距离会改变背景亮度，但不会改变金属物体的亮度，这似乎可以让我们任意掌控两者的相对亮度。有时确实如此，但并非总是奏效，这是因为镜头的焦距也会间接地影响光源的有效面积。这通常令人感到奇怪，即使对于经验丰富的摄影师也是如此，但是图6.18A和B显示了问题产生的原因。

在图6.18A中，距离被摄体更远的照相机装有长焦镜头，而图6.18B中距离被摄体较近的照相机装有广角镜头。因此，这两幅照片中的被摄体大小相等。

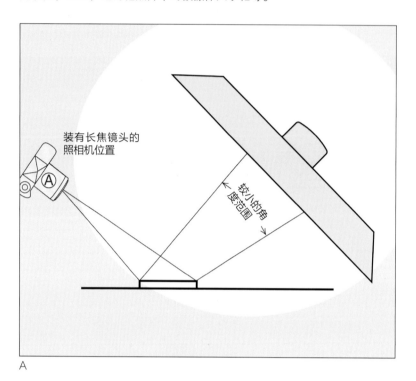

A

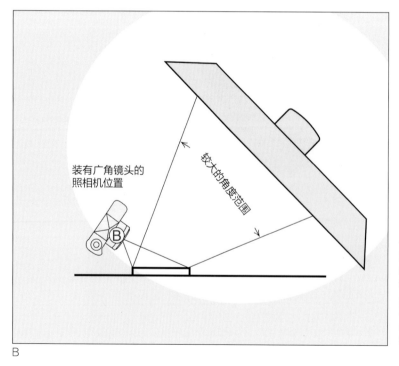

B

图6.18 被摄体到照相机的距离会影响光源的有效面积。照相机B距被摄体较近，因而角度范围较大。照相机A距被摄体比照相机B更远，因此角度范围小了许多。如果两个场景中金属物体的曝光相同，那么尽管两个场景中的光源亮度相等，但A图中的背景将比B图中的背景更加明亮。

对于照相机A而言，距离被摄体越远，柔光箱与产生直接反射的角度范围相比就越大。我们可以把光源移近或移远，但不会影响金属物体的用光。镜头焦距越长，视点越远，光源的位置选择就越灵活。因此，我们能够最大限度地控制被摄体和背景的相对亮度。

但照相机B看到的光源有效面积是不一样的。柔光箱刚好覆盖了较近视点所产生的角度范围。我们无法将光源移往远处，否则金属物体的边缘会变成黑色。

在第5章中，我们介绍过照相机的视点还会影响画面的透视变形。有时照相机的机位没有什么选择的余地，但在另一些场景中，又有许多能够令人满意的机位。在这些案例中，如果被摄体是明亮的金属物体，我们建议使用焦距更长的镜头并将照相机放在更远的位置，以便在用光方面获得更大的自由度。

另一种拍摄直接反射的方法

在对一般被摄体进行布光时更具自由度，这里有另一种不同的利用直接反射的用光案例。为了解释这一用光技术，对本章的开场照片我们拍摄了两个版本。

在拍摄图6.19A时，我们将柔光箱放置在吉他的左侧上方进行照明。在拍摄图6.19B时，我们又在原来的设置中添加了两块白色反光板——一块在吉他上方，另一块在照相机下方并且朝向吉他一侧。

图6.19　我们将柔光箱作为主光，用来产生所需的直接反射，以表现这把老吉他的细节和光泽。

使金属物体与照相机成直角

前面的案例中照相机的拍摄方向均不与金属物体表面相垂直。有时我们需要让照相机的视线垂直于金属物体，正对着金属物体拍摄。因为金属体恰似一面镜子，所以照相机很可能会在被摄体上形成倒影。现在我们来看看解决这一难题的几种方法。你可能会用到其中的每一种方法，这取决于特定的对象以及手头的设备条件。

使用机背取景照相机或透视调整镜头

这是最佳解决方法。在使用机背取景照相机时，只要照相机的机背与金属物体的反光平面平行，对于大多数观者而言，金属物体看上去将位于照相机前方的中心位置。（请注意：佳能和尼康这样的制造商生产出一种透视调整镜头，他们也称之为移轴镜头。虽然这种镜头通常也能发挥作用，但是与机背取景相机相比，它们的调整幅度受到较大的限制。）

图6.20中，我们将照相机放在偏离被摄体中心的位置，这样它就不会在金属物体表面留下倒影了。由于影像平面仍然与被摄体平行，因此也不会出现透视变形现象。然后平移镜头使金属体的影像移动至成像区域的中心位置，就像照相机位于被摄体正前方一样。注意，这会使角度范围移到照相机的另一侧。

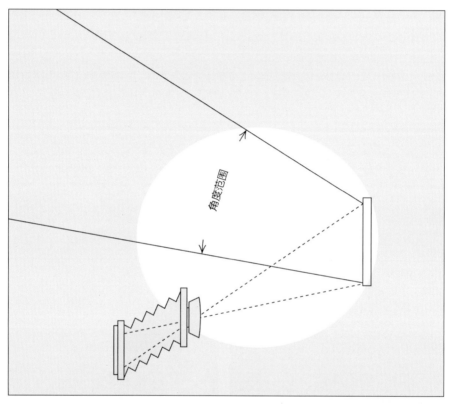

图6.20　因为照相机位于角度范围之外，所以它不会在金属物体上产生倒影。由于金属物体与影像平面平行，所以它也不会产生透视变形。

之前讨论的所有用光策略均适用于这一场合：使用能够覆盖整个角度范围的大型光源；将光源设置在角度范围之外；或者根据我们想要表现的亮度结合使用这两种方法。

如果因为照相机所处的位置，需要平移镜头偏离中心至较远位置，我们可能会遇到两个特殊的问题：首先，可能会导致影像虚化，使画面边缘出现暗角；其次，被摄体过分偏离中心会导致几何失真或轻微变形，即使使用优质镜头也无法避免。在让照相机尽可能远离被摄体的同时结合使用长焦镜头，可以将这些困扰降至最低。

使照相机透过光源中的小孔进行拍摄

假如我们想使金属物体显得明亮一些，有时可以用白色的无缝背景纸为金属物体提供照明。如图6.21所示，我们在纸上挖一个小洞，大小刚好可以让镜头透过去。这种方法可以将照相机的倒影问题降到最低，但不能完全解决问题。因为尽管在被摄体上看不到照相机，但光源上的小孔还是可以看到的。

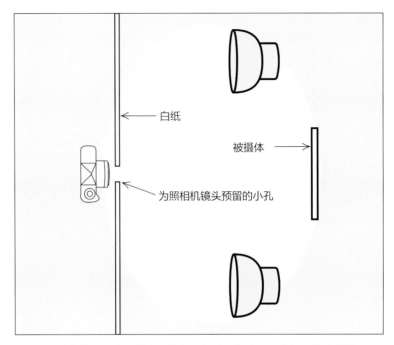

图6.21　被摄体上不会反射出照相机的倒影，但会留下白纸上的小孔影子。

如果金属物体的形状不是非常规则的，能够掩饰令人不快的反光，那么这种技术将会产生良好的效果。例如，如果被摄体是一台具有复杂控制面板的机器，在旋钮和仪表上的倒影可能会看不出来。

不论光源是反光板还是柔光板，我们必须特别留意靠近照相机位置的光线。如果光源对准反光板，直接反射到镜头上的光线有可能导致眩光的发生。透过柔光板投射出的灯光也可能会在柔光板上留下照相机的阴影，最终在被摄体上留下可见的阴影。

从唯一角度拍摄金属物体

在这种情况下，应使照相机尽可能远离被摄体，以最大限度地消除透视变形现象，至于轻微的变形可以在后期处理中加以校正。不过用软件校正变形并非理想的解决办法，因为这种处理通常会导致一定程度的图像质量下降。

如果这种拍摄环境无法避免，可以将这一方法作为可选方案。校正总比不校正好。如果你选择了这一方案，取景时应确保画面中被摄体周围留有较大的空间。后期处理时你必须对图片加以剪裁，修整梯形变形，使其符合长方形画面的要求。

用软件消除反光

直接拍摄金属物体，让照相机的反光出现，然后用软件消除反光。这种方法与用光无关，因此我们在这里不做详细探讨。然而对于某些被摄体，特别是大型被摄体，后期的数字处理比任何一种用光方案都要便捷得多，因此我们不应该忽视这种选择。我们还是面对现实吧，花费半天的时间设置光线还不如花费半个小时在电脑前处理图片。此外，这个方法和前面刚刚讲到的方法不同，它不会造成影像质量的下降。

拍摄金属盒

一个金属盒最多有三个侧面能够被照相机看到，每一个侧面都和其他任何金属平面一样需要处理。每一个表面都有自己的角度范围需要考虑，区别在于每一个角度范围都朝向不同方向，而我们必须在一次性处理好所有侧面的角度范围。

在为金属盒布光时，我们需要考虑其他材料制成的光滑盒子的用光问题。（如果你没有按照章节顺序阅读本书，你可能需要了解第4、5章中关于拍摄光滑盒子的内容。然而，尽管此处的原理与前面案例中的原理相同，但它们之间的区别可能会使我们以与前面案例相反的方式来应用这个原理。）

图6.22与图5.19相同，为了使你不必翻回到前面的章节，我们在此重复了一下。不过现在这个盒子是由金属而不是木头做成的。它有两个角度范围，一个在盒子顶部，另一个在盒子正面。我们可以把光源设置在这两个角度范围内，也可以设置在角度范围外，这取决于我们想让表面看起来明亮些还是黑暗些。

如果转动盒子使其三面对着照相机，则适用于同样的原理——但是很难在示意图中显示出来。盒子正面所产生的角度范围会落在盒子下方并且位于盒子一侧。盒子的其他可见侧面会在场景的另一侧产生一个相似的角度范围。

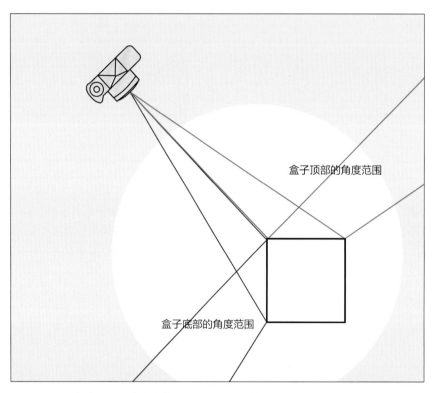

盒子顶部的角度范围

盒子底部的角度范围

图6.22　设置好盒子的两个角度范围，使照相机能够同时看到盒子的顶部和正面。

一个既非黑色也非金属材料制成的光滑盒子会同时产生漫反射和直接反射。我们通常会避免使光滑的盒子表面产生直接反射，以免遮蔽漫反射。抛光的金属盒只产生直接反射，如果没有直接反射，我们看到的金属盒将是黑色的。因为更多的时候我们想让金属物体显得明亮一些，所以通常我们会利用直接反射而不是避免它。这意味着我们需要用一个光源来覆盖每一个角度范围。

盒子顶部的角度范围布光比较容易，我们只要使用之前案例中平面金属物体的用光方式即可。

金属盒侧面的布光难度较大。如果我们如图6.22放置照相机和被摄体的放置，那么图中至少得设置一个光源。盒子正面的角度范围落在盒子所在的桌子上面，无论我们喜欢与否，这都意味着桌子表面成了盒子正面的光源。

对于没有在画面中出现的侧面，我们不必使用反光板或任何其他光源。盒子在取景器中的影像越大，反光板就可以放得越近。即使这样，盒子的部分底部仍然会出现桌子的反光。

如果你不想把盒子的底部从画面上剪裁掉，并且如果盒子真像镜子一样，反光板可能会进入画面，这是令人反感的。图6.23显示了这个问题。我们没有剪裁图片，这样你可以清楚地看到画面上的反光板。

图6.23　盒子底部几乎消失于黑色的桌子表面，防止这种情况出现的唯一办法就是将反光板置于能够接触到盒子正面的位置。

明亮的抛光金属盒几乎总是会出现这种问题。所幸这通常只需解决一个主要问题。下文介绍了解决这个问题的几种技术，请根据实际情况加以选择。

使用浅色背景

迄今为止，拍摄三维金属物体最简便的方法就是使用浅灰色的背景。对于许多金属物体而言，背景本身就是光源。当我们把被摄体放在这样的背景上时，很多工作其实就已经完成了，我们只需稍稍进行调整使光线更加完美便可。

为了拍摄图6.24，我们使用了一块比整个成像区域面积更大的背景。记住这个背景需要覆盖金属物体反射的全部角度范围，而不仅仅只是照相机看到的区域。然后我们使用一个柔光箱从金属盒顶部进行照明，就像为其他平面金属物体布光一样。

图6.24　背景的浅灰色表面就像光源一样为金属盒的正面提供照明。

这就几乎完成我们要做的全部任务了。在场景的各个侧面放置银色反光板以消除丝带的阴影，整个布光就完成了。

如果为金属盒提供良好的用光是唯一目的，那么我们应该经常使用浅色调的背景。然而，出于艺术氛围和情感表现的要求，通常还会提出其他要求，因此我们需要了解其他几种技术。

使用透明背景

如果像前述案例那样保持金属盒方位不变，而又不在场景中使用光源，唯一的办法就是将盒子放在透明表面上。如图6.25所示，在这种情况下，照相机能够在金属物体上看到光源（在本例中为白色卡纸）的反光而不会直接看到光源。

这种布光方式允许我们恰当设置黑色卡纸的位置，使其既能够充满整个背景同时又处于金属盒正面与侧面的角度范围之外。图6.26为这种设置的拍摄结果。注意背景为深灰色，但并不是黑色，并且桌子表面有反光。从这个视角上看，在金属盒顶部产生直接反射的光源同样会在玻璃表面产生直接反射。

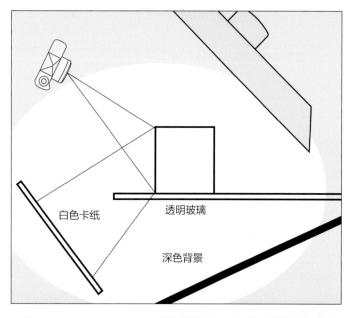

图6.25　在场景中不增加光源却仍然能够照亮金属盒正面的一种布光方式。将盒子放在透明的玻璃板上可以使光线穿过玻璃反射到盒子上。

图6.26　按图6.25的布光拍摄而得的结果。盒子下方的深色反光效果是否符合需要取决于具体的被摄体以及拍摄者的观点。

这张照片的效果很不错。但假如我们不喜欢玻璃上的反光，而且想让背景变成纯黑色，我们可以使用磨砂玻璃消除盒子的反光，但这样会使背景更加明亮而不是更暗。

幸运的是，这个角度上来自玻璃的大多数直接反射都是偏振光，因此通过镜头上安装的偏振镜，我们可以消除图6.27中的反光。玻璃现在看上去是黑色的了。但是还要记住除非光源本身是偏振光，否则来自金属物体的直接反射不会是偏振光，偏振镜也无法阻挡这种直接反射。

图6.27 和图6.26场景相同，但镜头上的偏振镜消除了玻璃的反射。不过偏振镜没有对金属物体产生任何影响。

使用光滑背景

如果将金属物体放在光滑的表面上，我们可以使光源出现在影像区域，然而照相机却无法看到它！我们称这种技术为"不可见光"。它的工作原理介绍如下：请翻回到图6.22，但这次假设被摄体放在光滑的黑色有机玻璃板上。正面的角度范围告诉我们金属物体能够获取光线的唯一可能位置是黑色的塑料表面，但"黑色"又表明塑料不反光。这些事实综合说明金属物体的正面是不能被照亮的。

然而，我们也说过黑色塑料是光滑的。我们知道光滑的物体会产生直接反射，哪怕它们因为太黑而不能产生漫反射。这意味着我们可以如图6.28所示，通过塑料表面的反射光线来照亮金属物体。

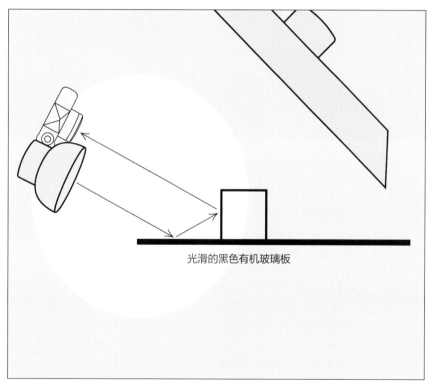

光滑的黑色有机玻璃板

图6.28 从光滑的黑色塑料板上反射的"不可见光"照亮了金属物体。没有光线直接从塑料表面反射到照相机，因此照相机看不到照亮金属物体的光源。

如果仔细观察光线的角度，你就会发现照相机下面的灯光可以从光滑的塑料表面反射到金属物体上。光线以该角度照射在金属物体上，然后再反射回照相机被记录下来。金属物体就是这样被照亮的，图6.29中的明亮金属物体证明了这一点。就金属物体而言，它是被场景内的塑料表面照亮的。然而，照相机看不到从黑色塑料板上反射过来的光线，因为塑料板所确定的角度范围决定了照相机无法看到这一切。

图6.29　"不可见光"的拍摄效果。照亮盒子正面的光源位于场景之内——黑色塑料板位于盒子正前方。

和先前的玻璃表面一样，有机玻璃表面会反射来自上方的光线。我们可以再次在镜头前加装偏振镜以消除眩光。

当金属物体不是绝对的平面时，为其提供照明的角度范围会变得更大。下面我们来看这种情况下的一个比较极端的例子。

拍摄球形金属物体

和拍摄其他形状的金属物体一样，在拍摄球形金属物体时，首先应该对产生直接反射的角度范围进行分析。与其他形状的金属物体不同的是，一个球形金属物体所产生的角度范围几乎包括所有区域！

图6.30显示了照相机在正常距离拍摄球形金属物体时的相关角度范围。记住，为金属物体布光需要预先准备一个适当的环境。拍摄球形金属物体需要做更多准备工作，因为它会反射环境中的大量光线。

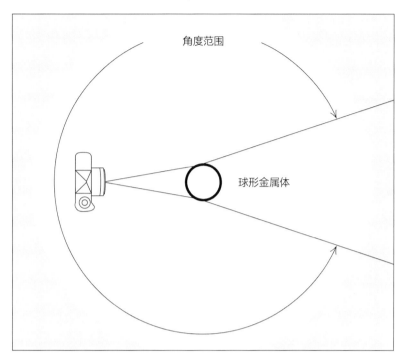

图6.30　球形金属物体的角度范围覆盖整个环境，包括照相机在内。

　　注意照相机会始终处于能够在金属物体上产生反光的环境中，即使机背取景照相机也没有办法将自身置于球形金属体反射的角度范围外。此外，照相机的反光总是会正好处于金属物体的中心位置，而这是最容易被观众注意到的地方。

　　在这个练习中，我们用可能是最具难度的被摄体进行演示：一个非常光滑的球体。图6.31显示了拍摄的困难。

图6.31　拍摄富于光泽的球形金属物体时的常见问题。

解决这一难题的第一步就是拿走不需要的物体，然而照相机本身是一个会导致不良效果而又无法移走的物体。有三种方法可以消除照相机的不良反光：掩饰反光；使照相机位于暗处；或者把被摄体放在小型柔光摄影帐篷里。

掩饰

为了达到目的，通过适当的不规则物体的掩饰，可以让不需要的反光看起来不那么引人注目。有时被摄体本身就能够自我掩饰：如果被摄体的表面是不规则的，照相机的反光就有可能落在这些不规则的形状之间。

场景中的其他物体也会提供掩饰。拍摄现场的物体在金属物体上产生的反光能够分散另外的反射，而这些反射是我们不想让观众看到的。

如果图6.30中周围的物体与画面情境相符，而不是突兀的摄影器材，那么这些物体就能够成为出色的伪装。小型物体可以直接放在大型物体产生反射的部位。

使光源远离照相机

如果将照相机放在暗处，那么它就不会在被摄体上留下反光了。在可能的情况下，应该使光源只照射被摄体。长焦镜头是必要的装备。照相机距离被摄体越远，在被摄体上产生多余光线的可能性就越小。

如果无法使光源远离照相机，可以用黑色材料盖住照相机，这样做的效果很不错。带孔的黑布或黑卡纸可以把照相机完全隐藏起来。然而，这只适用于四周墙壁不会产生反射的大型摄影棚。在小一点的房间内，搭建一个小型摄影帐篷可能是唯一可行的解决方法。

使用小型摄影帐篷

"摄影帐篷"是一种白色的环绕型装备，它既是被摄体的环境也是被摄体的光源。被摄体放在摄影帐篷内，而照相机几乎总是位于帐篷之外，透过一个很小的开口进行拍摄。

摄影帐篷通常用于金属之类物体的拍摄，这类物体能够产生大量的直接反射。但摄影帐篷有时也用来拍摄科学标本、时装及漂亮的物体等，因为它能产生非常柔和的光线。

如图6.32所示，我们通常用不透明的白色材料搭建摄影帐篷，如轻质泡沫塑料板、铜版纸反光板、无缝背景纸和各种柔光材料，如纸张、磨砂塑料板或乙烯基等。

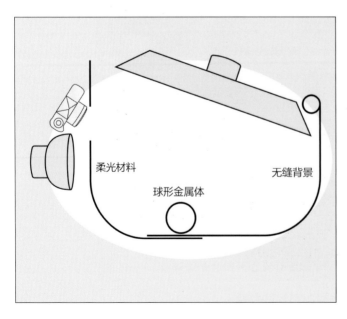

图6.32 围绕被摄体搭建摄影帐篷，并通过帐篷上的小孔进行拍摄，这是在明亮的球形金属被摄体上去除不需要的反光的一种方法。

　　然后我们将光源放置在帐篷中，让光线在帐篷内壁反射，或者从外面照射帐篷，让光线透过半透明的柔光材料。这种设置会产生非常柔和的光线，不过如果将光源设置在帐篷内部的话，光源本身会在任何镜面物体上突兀地反射出来。

　　我们经常将光源放置在帐篷内部和外部，但它们的确切位置和面积具有巨大的差异。有时我们喜欢均匀地照亮整个帐篷，而在其他情况下，我们只想照亮一小块区域。

　　我们使用跟图6.32类似的帐篷拍摄了图6.33。这张照片是"帐篷拍摄"的典型案例。节日装饰品的照明是可以接受的，然而照片中有一个非常显眼的问题——黑色的照相机小孔以及帐篷的接缝都在球体上反映出来。这些必须通过后期处理从照片中除去。

图6.33　使用前一张示意图所示的方法在帐篷里拍摄的明亮的球形被摄体。帐篷本身并不能从根本上解决问题，但它使修饰工作变得更加容易。

　　本书作者之一曾经拍摄过一张类似的照片，用作一家百货商店圣诞节商品目录的封面。不过主体的外围区域也用了一些丝带和花草来掩饰帐篷的缝隙。

　　不妨尝试搭建一个大型帐篷，以便把照相机放在距离被摄体尽可能远的地方。我们凭直觉就能知道照相机距金属被摄体越远，照相机的反光就越小。不过如此一来被摄体的影像也会变得更小，因此必须使用长焦镜头进行拍摄。

　　然而这种"补救"措施同样会放大照相机的反光，使其恢复到原来大小！照相机本身是唯一的反射源，其反光只能通过将照相机移到远处才能减小，但照相机与被摄体的相对位置应始终保持不变。要抵制住这种诱惑，否则费力不讨好。

其他用光方法

金属物体用光的基本方法取决于角度范围，也就是取决于金属物体的形状。除以上介绍的基本用光方法外，还有几种可随时应用于任何金属物体的用光技巧。

这里提供的选择纯属创造性的应用，但也可以用于技术性的目标。例如，你可能会发现金属物体的边缘正消失于背景中。记住，金属物体上产生纯粹的直接反射的部分距照相机越近，与光源相同亮度的反射距照相机也就越近。

我们在前面已经看到，金属物体所处的表面通常相当于光源。如果金属物体的表面与它所处的表面亮度相同，照相机就无法辨别一个表面在哪里结束，另一个表面又在哪里开始了。此时，偏振镜、"黑色魔法"或者消光剂这几种技术可以为金属物体的用光提供最后的润饰工作。

偏振镜

金属物体不会产生偏振直接反射，因此我们通常不能通过单独使用镜头偏振镜的方法来阻隔金属物体的直接反射。然而光源可能会产生部分偏振光。如果是这样的话，光线从金属物体反射出来的时候仍会保持这部分偏振光。这种情况经常出现在金属物体反射蓝天光线的时候。

在摄影棚里，放置金属物体的表面反射出来的光线通常带有部分偏振光。在这两种情况下，装在镜头上的偏振镜可以对金属物体的亮度进行更多的控制。即使场景中没有偏振光，我们也可以通过在光源前蒙上偏振滤光片的方式来获得。

黑色魔法

"黑色魔法"指添加到基本的用光设置中、只是为了在金属物体表面产生黑色"反光"的物体。在金属物体边缘的黑色反光有助于使其与背景区别开来。在略微不规则的表面，黑色魔法通过整个表面反射的光线能够增加照片的立体感。

黑色魔法通常会用到遮光板，若配合柔光板使用效果更好。将遮光板放在柔光板和被摄体之间，会产生黑色的硬质反射；将遮光板放在柔光板背对被摄体的另一侧，能够产生柔和的渐变反射。遮光板离柔光板越远，反射越柔和。

有时你也可以使用不透光的反光板（用以反射场景中其他位置的光源）作为金属物体的光源。在这种情况下，遮光板不会产生柔和的渐变反射，但横贯反光板的黑色柔边喷绘条纹能够产生相同的反射效果。

消光剂

消光剂会使光滑的表面变得不再光滑，从而增加金属物体的漫反射，同时减少直接反射。这种方法使得用光不再受到角度范围的严格限制，获得更多的自由。然而遗憾的是，使用了消光剂的金属体看起来不再具有抛光的明亮表面，甚至可能看上去不再像金属物体了。

不加节制地使用消光剂是需要避免的习惯。在受过训练的人士眼中，这只会暴露摄影师在金属物体用光方面的无能。尽管这么说，我们也应该承认本书的所有作者都会在自己的摄影棚里备有消光剂。

首先应尽可能为金属物体布置合适的光线，必要时再对过亮的高光区域或模糊的边缘部分喷上一点消光剂。应尽量保持金属的光泽，避免给整个表面喷上一层厚厚的涂层。

适用的拍摄情况

在直接反射非常重要的时候，这些有关金属物体的用光技巧应了然于心。在本书的其他章节我们还会更深入地了解它们，有些应用目前可能还不是很明显。

例如，我们会在第9章中讨论一些极端的例子，比如为什么大多数金属物体的用光技术对于任何"黑色对黑色"的场景都是非常有用的，而不论被摄体由何种材料组成。

　　容易产生直接反射的其他被摄体显而易见，玻璃是其中之一。然而，拍摄玻璃会带来另外的机遇和挑战。我们将在后面的章节中了解其中的原因。

7

第7章　表现玻璃制品

　　第一次将沙子熔化制成玻璃的远古先哲蒙骗了我们的眼睛，也启发了一代又一代的后人去效仿。与任何其他事物相比，拍摄玻璃制品或许会令摄影师早生华发，蹉跎青春。

　　然而，对图片制作者而言，尝试再现玻璃制品的外观并不会导致我们经常看到的"灾难性"摄影事件。本章我们将讨论拍摄玻璃制品的原理、问题以及一些简洁有效的解决办法。

涉及的原理

　　玻璃制品的拍摄原理与我们在之前章节中讨论的金属物体的拍摄原理有诸多相同之处。与金属物品相似，玻璃制品所产生的反射几乎都是直接反射。但与金属物体不同的是，这种直接反射通常都是偏振反射。

　　我们大概已经想到拍摄玻璃的用光技术与拍摄金属大致相同。但如果运用相同的布光方法，我们可能会经常用到偏振镜。然而事情并没有这么简单。在为金属物体布光时，我们主要关注朝向照相机的反射面。如果效果不错，通常只需做一些微调以更好地表现细节。但在为玻璃制品布光时，需要关注其边缘部分。如果边缘非常清晰，我们通常可以完全忽略正面的反射。

面临的问题

　　玻璃制品引发的拍摄问题是由玻璃的性质所决定的。因为玻璃是透明的，从大多数角度照射到玻璃制品边缘上的光线并不能直接反射到观者的眼中，这样边缘就看不到了。看不出边缘的玻璃制品没有形状可言。更糟糕的是，我们肉眼能看到的极少的反射往往因太过微弱或者太过明亮，导致玻璃表面的细节和质感都无法表现出来。

　　图7.1就出现了这两个问题。场景中光源的直接反射破坏了整个画面，它们不足以揭示出玻璃器皿的表面特点。玻璃的形状缺乏清晰的界定是一个更为严重的问题。轮廓不清晰，边缘的影调也缺乏明显的差异，那么玻璃器皿就会与背景融为一体。

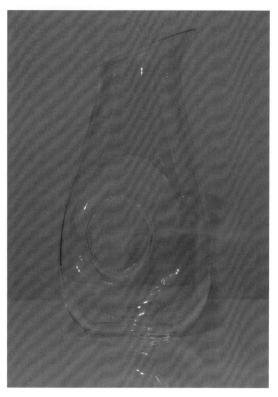

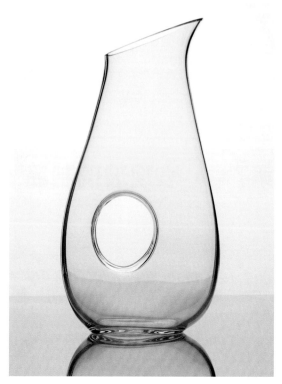

图7.1　这张照片的问题是由玻璃的特性所引发的。玻璃不但透明而且高度反光。

图7.2　清晰的边缘对于玻璃器皿的用光至关重要。

解决方案

前一张照片的效果非常糟糕，那么现在来看看图7.2。将这张照片所显示出来的玻璃形状与前一张相比较。这两张照片使用相同的玻璃器皿和相同的背景，并且从相同的视角用相同的镜头拍摄，但结果正如你所见，差异十分显著。

在第二张照片中，显著的黑色线条勾勒出玻璃器皿的形状，没有乱七八糟的反射影响表面的呈现。比较这两张照片，我们可以列出玻璃制品的拍摄目标。如果想要得到一张清晰的、令人满意的玻璃制品照片，我们必须做到以下几点：

1. 使被摄体的边缘产生显著的线条。这些线条能勾勒出玻璃器皿的形状并使之与背景分离。
2. 消除光源及其他摄影器材造成的干扰性反光。

我们来看看实现这些目标的具体方法。首先我们要寻找"理想的"的拍摄环境，这有助于我们演示一些基本的拍摄技法。接着我们要超越这些基本的技法来克服一些难题，这些难题是相同场景下非玻璃材料的被摄体也会遇到的。现在我们开始讨论第一个目标，确定被摄体的边缘。

两种相反的用光方法

运用这两种基本用光设置中的任何一种，就几乎可以避免在界定玻璃制品边缘时遇到的所有问题。我们将这两种用光方法分别称为"亮视场用光"法和"暗视场用光"法，也可以称之为"暗对亮"法或"亮对暗"法。

虽然从名称上看这两种方法正好相反，但我们会看到它们的原理是一致的。这两种方法都可以制造主体与背景间的影调差异，而这种影调差异正好可以勾勒出玻璃器皿的轮廓，从而界定其形状。

亮视场用光

图7.2是使用亮视场用光法拍摄玻璃器皿的一个案例。拍摄背景规定了我们应如何处理各种玻璃制品。在明亮的背景下，如果想让玻璃清晰可见，则必须让玻璃暗下来。

如果你已经读过第2章及后面的章节，或许你已经猜到这种亮视场用光法需要消除所有来自玻璃表面边缘的直接反射，那你也应该明白我们为什么要从决定玻璃器皿的直接反射的角度范围开始讨论。

请看图7.3，这是单个圆形玻璃制品产生直接反射的角度范围的俯视图。我们可以为作为案例的每一个玻璃器皿都画一幅这样的示意图。

该图中的角度范围与前一章中圆形金属物体的角度范围相似。但是这次我们不需要关注整个角度范围，只需关注角度范围的边界，即图中标记L的位置。从这两个角度反射出来的光线决定了玻璃边缘的呈现形式。

这个角度范围的边界告诉我们，如果想让照片中的玻璃边缘明亮一些，光线应打在什么地方；反之，如果想让边缘暗淡一点，光线不应该打在什么地方。因为在亮视场用光方法中，我们不想让玻璃的边缘太亮，因此在图中标记L的那条线上就不能有光线。

图7.4显示了一种在亮视场背景下拍摄玻璃器皿的有效布光方法。当然这并不是唯一的方法，但如果你之前没有用过，我们建议你不妨试着用这种方法进行练习。观察下面每一个步骤的光线效果。对于亮视场用光设置可能会用到的任何布光调整，这些步骤可以让你快速地预测出哪些调整是有效的，哪些调整又是无效的。

下列步骤按照列出的先后顺序进行最为有效。注意，除非到最后几步，否则我们无需考虑场景中玻璃器皿的放置问题。

选择背景

刚开始可选择浅色的背景。我们可以使用任意现成的材料，一些半透明材料如描图纸、布料、塑料浴帘等都是一些可以利用的不错的材料。也可以使用一些不透明的材料，如浅色的墙壁、卡纸或者泡沫塑料板。

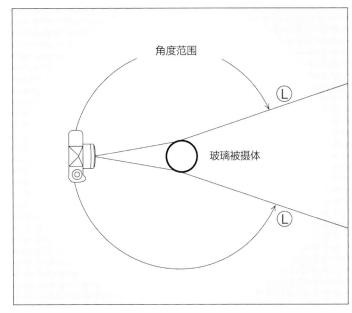

图7.3　在这幅示意图中，角度范围的边界以L标记。从这两点来的光线决定了玻璃边缘的呈现形式。

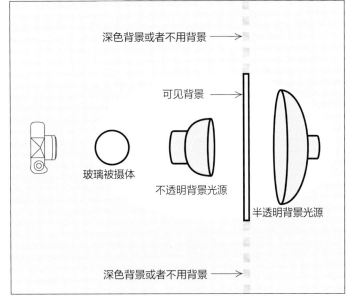

图7.4　这是在图7.2中使用的一种亮视场用光方法。我们很少两种光源一起用，哪一种光源位置合适与否完全取决于背景。

确定光源位置

现在开始着手设置光源，光源应能够均匀地照亮背景。图7.4显示了两种方法，它们都能产生同样的效果。通常拍摄者会选择其中一种方法，极少同时使用两种方法。

图7.2利用半透明材料背后的光源拍摄而得。这是一种极其方便的用光设置，因为它可以使照相机和被摄体四周的环境不至于太过杂乱。

我们也可以将不透明物体（比如墙壁）用作背景。如果用墙壁做背景，就需要找到放置光源的地方，使光源既可以照亮背景，又不会在玻璃器皿上形成反射或者出现在画面区域。将光源安放在玻璃器皿后方和下方的短支架上是一种不错的方法。

确定照相机位置

现在，将照相机放到合适的位置并且使背景充满整个视场。这一步非常关键，因为照相机与背景间的距离控制着背景的有效面积。

采用亮视场用光时，背景的有效面积是唯一需要考虑的、最重要的因素。为了让这次实验更有效，背景必须刚好充满照相机的取景框，既不能多也不能少。

如果背景太小就会产生一个明显的问题：它不会填满整个画面。太大的背景也会引发一些小问题，它会扩展到玻璃边缘产生直接反射的角度范围中，从而导致反射出的光线消除了我们用以确定玻璃边缘的黑色轮廓线。

如果背景实在太大，我们无法将之恰好控制在取景范围之内（比如房间的墙壁），也可通过只照亮局部背景来缩小其范围，或者将超过取景范围的区域用黑色卡纸遮挡起来。

确定被摄体位置并聚焦照相机

下一步我们在照相机和背景之间前后移动被摄体，直到被摄体在取景框中大小合适。在移动被摄体时，我们会注意到被摄体离照相机越近，边缘就会越清晰。

这种清晰度的增加并非由细节越放大就越容易看清这种简单原理造成的，而是由被摄体距离明亮背景越远，边缘反射的光线越少而形成的。被摄体距背景越近，就会有更多的光线进入到角度范围中，它们产生的直接反射会使边缘变得模糊起来。

现在，将照相机对准被摄体并聚焦。重新聚焦会稍稍增加背景的有效尺寸，但这种增加通常无足轻重。

拍摄照片

最后，使用反射测光表（大多数照相机的内置测光表就非常好）测量被摄体正后方背景区域内的光线亮度。

亮视场用光并不需要纯白的背景，只要背景影调比玻璃器皿的边缘明亮得多，玻璃器皿便能够清晰地呈现出来。如果玻璃物体是唯一需要考虑的被摄体，我们可以通过调整测光读数的方法控制背景亮度：

- 如果想使背景表现为中性灰（反光率18%），可以直接按照测光读数进行曝光。
- 如果想使背景表现为接近白色的浅灰色，可以在测光读数的基础上增加两挡曝光。
- 如果想使背景表现为深灰色，可以在测光读数的基础上减少两挡曝光，这样便可以产生非常暗的深灰色背景。

应特别引起注意的是，在这种场景中没有所谓的"正确"曝光，唯一正确的曝光就是我们喜欢的曝光。我们可以将背景设置成除黑色以外的任意灰度。（如果玻璃的边缘线为黑色，背景也为黑色，那就什么也看不出来！）实际情况下，背景越明亮，玻璃的轮廓线就越明显。

- 如果确定要使背景变得很亮，我们无需担心玻璃器皿正面会产生多余的反射。在明亮背景的映衬下，任何反射几乎都暗淡得难以察觉。

● 然而，如果我们想要使背景呈现为中灰或深灰，玻璃器皿上就有可能映射出周围的物体。本章下文中会介绍几种消除这些多余反射的方法。

理论上，亮视场用光拍摄玻璃制品并没有什么特别复杂的地方。当然，我们已经用"理想"的案例来尽可能清楚地介绍这个原理。但在实践中，当面临的情况与这种"理想"状态不符时，这种复杂性随时都有可能发生。

例如，在许多拍摄任务中，我们必须使画面中玻璃器皿与背景的相对尺寸比练习时更小，这会导致被摄体边缘清晰度降低。这种清晰度的牺牲是否明显则取决于拍摄时的其他因素。

当然，理解并熟练掌握理想条件下的工作原理，会为我们在不够理想的条件下提供最佳解决方案。如果因构图而导致糟糕的用光，理想案例就会解释症结所在，并建议该如何修复。如果无法对特定的构图进行调整，理想案例也会告诉我们该如何做。我们没有必要浪费时间去尝试违背物理学原理的事物。

暗视场用光

如图7.5所示，暗视场用光会产生相反的效果。

图7.5　在暗视场照明中，暗背景上的光线勾勒出玻璃的轮廓和形态。

我们回顾图7.3中产生直接反射的角度范围，可以看出如果要保持玻璃器皿边缘黑暗，在亮视场用光设置中角度范围的边界处（标记为L）不能有光线。反过来我们可以假设，如果想使边缘明亮一些，L处则必须存在光线。进一步而言，如果我们不想在玻璃器皿中看到其他明亮的干扰光线，那么从玻璃器皿角度范围内的其他各个方位都不能看到光线。

图7.6显示了将理论应用于实践的详细步骤。我们将再一次将该用光技巧分解为五个步骤进行讲解，其中有些步骤与之前介绍的亮视场用光方法相同。

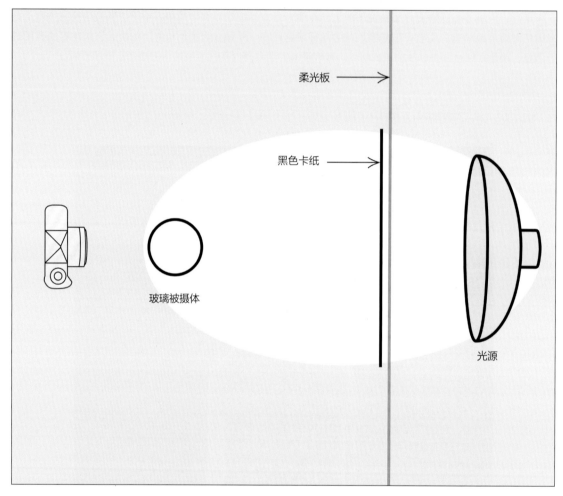

柔光板

黑色卡纸

玻璃被摄体

光源

图7.6　这是一种设置暗视场用光的有效方法。

设置大型光源

在第一次实验中，图7.3的俯视图似乎告诉我们在两个点上都需要光源，这其实是平面示意图造成的表达缺陷。实际操作中，只需在玻璃器皿任意一侧的点上放置光源便可。

为保持玻璃器皿的边缘明亮，在被摄体上方和后方也要设置相似的光源。此外，如果这个被摄体是带有碗状容器的矮脚杯，则必须在杯底增加一个光源。

所以，即使只是照亮一个很小的玻璃物体边缘，也需要有四个大型光源！这种布光较为棘手。我们通常会避免这种复杂而混乱的用光设置，而是用一个足以照亮被摄体顶部、底部以及两侧的大型光源取而代之。光源的确切面积并不重要，被摄体直径在10~25倍之间都没有问题。

图7.6和图7.7显示了两种设置合适的大型光源的有效方法。一种用半透明材料，另一种用不透明材料。

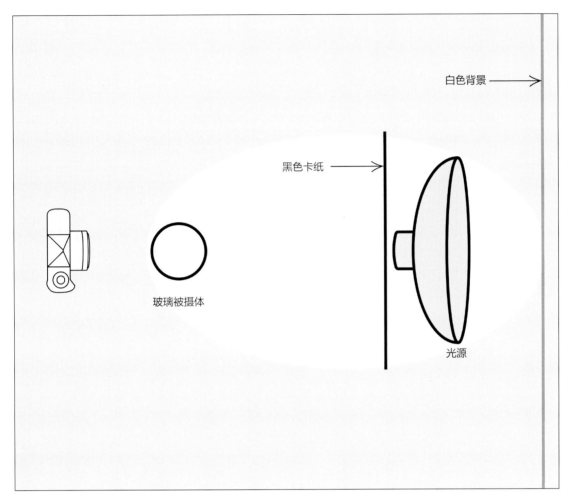

图7.7　这种用光设置能够照亮不透明的反射面，但不会照亮照相机能拍到的背景。

设置一个小于光源的暗背景

设置一个小于光源的暗背景有几种方法。图7.6是一种最简单的方法，在半透明光源处直接贴一张黑色卡纸即可。

像墙壁之类的不透明平面也可以成为一种极为出色的光源，我们只需要用反射光照射墙壁即可。这种用光设置可能不适合将深色背景直接贴在墙上，因为它会使深色背景接受过多的光照以致无法获得所需的深灰色。

另一种方法如图7.7所示，这种设置可以使不透明的反射表面获得我们所需的明亮光线，但却不会有大量的光线落到照相机能够看到的背景中。将深色背景挂在灯架上或者用绳子悬挂在上方都会获得良好的效果。

这两种用光设置的结果相同：深色背景被明亮的光源包围着。

与光源面积一样，背景的确切大小并不是关键因素。与亮视场用光法一样，我们可以通过调节照相机的距离来调节背景的有效尺寸。唯一的限制条件就是深色背景必须足够小，以便在周围留出大量的可见光。

确定照相机位置

同样，背景应该能够正好充满照相机的取景框——既不能大也不能小。这与亮视场用光法的原理相同。如果深色背景的面积太大，它就会扩展到产生直接反射的角度范围中。这样会遮住界定玻璃物体边缘、防止其融入深色背景所需要的光线。

确定被摄体位置并聚焦照相机

接下来，在照相机和背景之间移动被摄体，直到大小合适为止。同样，被摄体离照相机越近，边缘就越明显。

最后，使照相机聚焦于被摄体。跟亮视场用光一样，重新聚焦引起的背景大小变化极小，不会造成任何困扰。

拍摄照片

采用这种用光设置时，要想获得精确曝光，需要使用测量角度极小的点测光表测量玻璃边缘的高光区。在大多数这种类型的拍摄中，"极小的角度"指小于1°的角度，然而几乎没有摄影师拥有这样的测光表。不过也不要灰心，任何常见的反射测光表（包括许多照相机自带的测光表）在包围式曝光的帮助下都能给出大致准确的曝光。

为了弄明白为什么下列方法有效，我们必须首先记住一个物体的纯粹的直接反射与产生这种反射的光源亮度相等。这些反射或许会因为太弱而无法测量，但大型光源的情况则完全不同。

首先，将测光表尽量靠近光源单独测量光源读数。应测量光源边缘的读数，因为正是这部分光源照亮了玻璃器皿。

其次，为了使玻璃接近白色，应采用高于测光表2挡的读数进行曝光（这是因为测光表还原的是18%的中性灰而不是白色）。如果玻璃上的高光是完美的非偏振光直接反射，这样的曝光就非常理想了。

理论上这次曝光很重要，因为它决定了包围曝光的起点。但是实践中是没有这样既完美又不是偏振光的直接反射的。因此，我们只是简单地提醒注意一下这次曝光，然后转到下一步操作。因为几乎不存在完美的直接反射，所以要尝试在测光表的读数基础上分别增加用1挡、2挡和3挡曝光。

因为极少光线或者没有光线照射到背景上，不妨假定背景仍保持黑色。然而，如果我们希望背景亮一点，就有必要使用辅助光了。如果不使用辅助光，而是通过增加曝光（根据在亮视场用光中所探讨的测光程序的推荐读数）的方式提高背景的亮度，这通常会导致被摄体曝光过度。

同样，我们使用了一个理想的案例以避免过于复杂。由于构图需要，也可能会与理想状态有偏差，但不会差得太多。

两种方法的最佳结合

亮视场用光和暗视场用光都简单易学，但将两者结合在一起却非易事。拍摄玻璃制品时出现的大多数失败案例就在于有意或无意间同时使用了两种方法。

例如，有的摄影师尝试利用在前一章中介绍过的摄影帐篷拍摄玻璃器皿。这虽然成功避免了多余的反射，但同时也使玻璃制品的边缘消失不见。摄影帐篷面向照相机的部分提供了一个浅色的背景，而帐篷的其余部分则照亮了玻璃，其结果是"亮对亮"的用光方法。

即使是在同一幅照片中，同时使用这两种方法也要求将它们分离开。我们要在心里对场景进行切分，决定哪一部分需要亮视场，哪一部分需要暗视场。图7.8正是这样的一幅照片。在照片中，白色磨砂塑料被来自下方的小型光源照亮。

图7.8　一种经典用光设置，部分场景为亮视场、部分场景为暗视场。

注意，我们并没有将这两种基本方法真正地融合在一起，只是部分用亮视场，部分用暗视场。无论何时都要将两种方法区分清楚，这样才能拍好玻璃物体。只有在两种视场的过渡区域它们才会融合在一起，但这一区域可能会有明显的质量损失。然而，通过缩小过渡区域可以弱化这一问题。

最后的修饰

到目前为止，我们已经讨论了如何清晰表现玻璃制品形状的用光技术。正如你看到的，我们可以通过在深色背景下使用浅色线条，或在浅色背景下使用深色线条来界定玻璃制品的形状。这两种用光技术都是拍摄玻璃制品时的基础技术。然而，我们通常还需要一些额外的技法以得到更加令人满意的照片。

在本章的其余部分，我们将会讨论最后的修饰工作。我们将特别关注如何实现以下目标：

1. 清晰表现玻璃器皿的表面。
2. 背景的照明。
3. 淡化水平分界线。
4. 防止眩光。
5. 消除多余的反射。

因为这些技法对于暗视场情境更为有效，因此我们将以暗视场用光为基础来演示这些技法。

表现玻璃器皿的表面质感

在许多情况下，仅仅确定玻璃器皿的边缘是不够的。不管我们将边缘表现得有多出色，也只是显示了它的轮廓。通常，照片必须也能够清晰地显示出玻璃器皿的表面形态。要做到这一点，我们必须仔细控制玻璃器皿表面的高光反射区域。

大面积的高光对于玻璃表面的质感表现至关重要。为了证明这一点，我们不妨比较一下图7.1和图7.9中的高光区域。

图7.9　图中大面积的高光有助于玻璃器皿表面的质感表现。

图7.1中的细微亮点严重分散注意力而且毫无意义。而图7.9则处理得非常好，大面积的高光传达给观者有关玻璃器皿的信息。它不是扰乱照片的其他元素以吸引观者的视线，而是致力于达到建设性的目标："这就是玻璃表面的形状和感觉。"

表现玻璃器皿表面的质感，需要在表面适当的位置打上大小合适的高光。好在这并非难事，只需要记住反射理论告诉我们的直接反射原理即可。

我们已经知道，所有玻璃表面的反射几乎都是直接反射，而直接反射总是严格遵循入射角等于反射角的定理，从而可以预先判断其方向。现在我们来看图7.10。

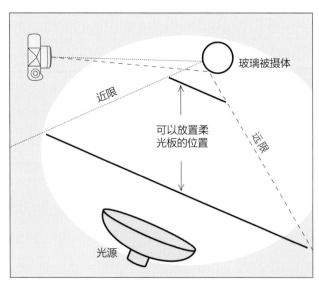

图7.10　在器皿表面的某一位置制造高光需要使光源填满其角度范围。在这张示意图中，被照亮的柔光板会在玻璃表面产生高光。

假设我们想要在玻璃器皿表面制造高光区，就需要在该高光区所属的角度范围内使用填充光源。在这一范围内的光源能够在玻璃器皿的该区域产生直接反射。

注意，圆形的玻璃器皿能够在其表面反射摄影棚的大部分区域，所以照亮玻璃表面有时会需要面积非常大的光源。

图7.10显示了产生大型光源的两种方法。这两个位置的光源能够相等地照亮玻璃器皿表面。然而，如果它们都能够覆盖所需的角度范围，一个位置上的光源面积将是另一位置上光源面积的若干倍。

确定摄影光源和柔光板之间的距离非常重要。请注意图7.9，由于光源距柔光板太近以至于只能照亮柔光板的中心部位。

图7.11提供了一种解决方法。我们将灯头往后移远一些，这样矩形柔光板的整个表面都会被照亮，并在玻璃器皿表面形成反射。

图7.11　将这幅照片中的大面积高光与图7.9进行比较。这次我们使光源远离柔光板，整块柔光板都被照亮并在玻璃表面反射出来。

　　照亮整个柔光板的光线越是均匀，产生的高光区域面积就越大。但通常我们想让这种大面积的高光暗一些。因为如果整个柔光板都很明亮，就会在玻璃表面反射出一个明显的有棱有角的矩形。这种反射会暗示照片是在摄影棚光源下拍摄的，从而降低场景的真实性。

　　无论将光源放置在何处，有时候我们需要在柔光板上贴上黑色胶带，产生条纹影像以减少摄影棚效应。如图7.12所示，这样玻璃器皿上的反射看上去就像窗户的反光一样。

图7.12　我们用胶带在玻璃瓶表面得到类似窗户的反射效果，从而减少了这张照片的"摄影棚效应"。

继续下文之前，我们先要注意在本章的前几个案例中，光线都不是从玻璃器皿背后照过来的，这种方式更适合表现那些表面复杂且不光滑的玻璃物体。场景中若有其他不透明物体，这种方法也同样适用。本章稍后还会介绍更多使用这种技术的案例。

背景的照明

如果不考虑背景的实际影调，使用基本的暗视场用光法会产生背景很暗的照片。若想让背景变亮则需要另外的光源。

为了照亮暗视场背景，我们只需简单地在深色背景中放置一个附加光源便可以了。与一种用来形成亮视场用光的技术相似，也就是在不透明的白色背景前放置一个光源。通常我们甚至可以用相同强度的光源，因为深色的背景材料会使最终结果与亮视场用光不同。

图7.13就是由这种方法拍摄而成。注意背景的影调已经被提亮为中灰影调，而玻璃表面也没有产生任何多余反射。

图7.13　在这张暗视场照片中，背景中的光源明显地照亮了一部分背景区域。

淡化水平分界线

玻璃器皿必须放在台面上才能拍摄，这样照片中就会出现台面的水平线条。如果水平分界线对画面造成不必要的干扰，我们应该怎么办？

消除一般被摄体照片中的水平线要比清除玻璃制品的更为容易。拍摄非玻璃物体时，我们可以用一张很大的桌子使其边缘不至于出现在画面中。此外，我们也可以用一块无缝背景纸并将其上边升高到照相机视野之外。这些方法虽说也适用于拍摄玻璃制品，但效果总是不尽如人意。

前面已经讲过，玻璃制品的最佳用光方式需要使背景正好充满整个画面。而较大的桌子和背景纸都不符合这个要求。如果背景是浅色的还好，我们可以将不会出现在画面中的区域用黑卡纸遮住，这样也能产生合适的亮视场照明。

对暗视场用光而言，我们也可以用白色或银色反光板部分地遮住画面中的深色桌子。这种方法效果通常差强人意，因为照亮反光板的光源与照亮桌子的相同，对反光板合适的光线亮度对于桌子而言可能就太亮了。因此，如果桌子在画面中无足轻重，我们宁愿将之去除。我们当然不能这么做，不过也有几种办法可以获得大致满意的效果。

透明的玻璃或者有机玻璃台面看上去好像不存在一样。在前面大多数拍摄案例中，我们都使用了透明的桌子。透过桌子可以看到背景，因此令人生厌的水平线就会得到弱化。

桌子的透明特性允许背景光通过并照亮场景，如同桌子不存在一样。图7.14可以看出对于确定这件玻璃被摄体的边缘非常重要的光线能够穿过透明的桌子，但如果是不透明的桌子就会被挡住。

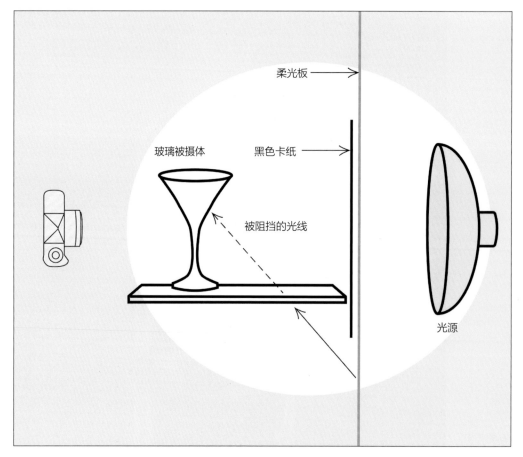

图7.14 透明的桌子可以让光线通过，就如同桌子不存在一样，但不透明的桌子会挡住界定边缘的关键光线。

　　另一种有效的方法就是把被摄体放在一面镜子上。与其他不透明表面相比，镜子中反射的背景会使得背景和前景的影调反差不至于太过强烈。

　　更有价值的是，镜面反射与穿过透明桌面的光线几乎可以同样地照亮玻璃器皿。水平线可能还能看到但是已经非常模糊了。对这两种方法而言一种有趣的变化是，将水喷洒在玻璃桌面上，形成的薄雾会破坏和掩饰有可能干扰被摄体的反光。

　　然而，即使是透明的桌面或镜面，仍会产生轻微的水平分界线，而且有些情况下消除分界线的效果并不是很理想。有些照片会要求完全消除分界线。在这些情况下，我们可以使用图7.15中的无缝背景纸。

　　在这张示意图中，无缝背景纸直接用胶带粘在大型柔光板上，由柔光板背后的光源提供照明。如果我们细心地裁剪无缝背景纸，使其正好充满照相机的拍摄范围，用光质量就不会受到影响。这种布光方法的效果如图7.16所示。

图7.15　类似这样的无缝背景纸可以消除画面中的水平线，但仍保留着玻璃杯的清晰边缘。

图7.16　使用图7.15中无缝背景纸的拍摄效果。玻璃杯的所有边缘线都非常清晰，而且完全没有出现水平线。

防止眩光

遗憾的是，用基本的暗视场用光法拍摄玻璃制品时，有可能产生非常糟糕的眩光。在前面几章我们曾讨论过照相机产生眩光的原理。暗视场用光增加了照相机在影像四周产生眩光的概率，使问题变得更加突出。图7.17就是一个极端的案例。

图7.17　由于照相机眩光有可能出现在图像四周，因此在暗视场用光条件下使用遮光板预防眩光至关重要。

即使眩光还不至于糟糕到在影像边缘产生灰雾或条纹的地步，但仍会引起影像画质的整体下降。在最理想的情况下，我们也可能会得到一张缺少对比度的照片。

幸运的是，如果我们能理解并预见此类问题，解决它还是比较容易的。我们只需像前文中介绍的一样使用遮光板便可，但必须记住，遮住的应该是来自画面四周投射到镜头上的非成像光线。

我们可以用四块纸板或者在一块纸板中间掏一个长方形洞口做成一块遮光板，然后将其夹在照相机前方的灯架上。

消除多余的反射

因为玻璃的反射属于镜面反射，因此室内的任何物体都有可能在玻璃表面产生反射。因此，为玻璃器皿设置好满意的用光后，我们必须考虑如何消除这种用光设置带来的多余反射。这尤其适用于暗视场用光，因为深色背景透过玻璃会使多余的反射更加明亮，因而格外显眼。

消除多余反射的第一个步骤，就是找出周围有可能反射到玻璃中的物体。找到了这些物体之后，我们有三个基本的策略可供选择，通常我们会将三种策略结合使用：

1. 移走产生多余反射的物体。处理亮度较高的反射物体（如灯架和用不到的反光板）最简便的方法就是直接把它们移开。

2. 遮住投射在这些物体上的光线。如图7.18所示，照相机旁边为柔光板提供照明的光源同样也会照射到照相机上，在照相机和光源之间设置一块遮光板会显著压暗照相机的反射，使其不再出现在玻璃表面。

3. 使物体变暗。最后，如果无法遮住产生多余反射的光线，可用黑色的卡纸或者黑布将这些物体盖住，这样可使它们显著变暗。

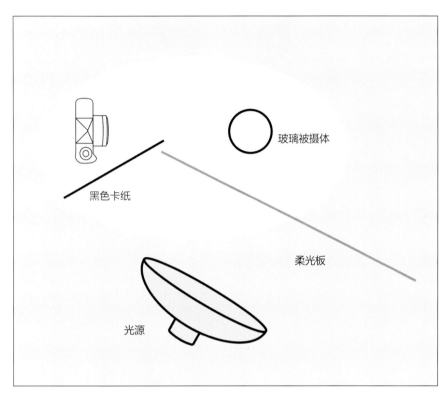

图7.18　照亮柔光板的光源同样也会照亮照相机，使照相机在玻璃表面产生反射。在这个用光设置中我们使用黑色卡纸充当遮光板来解决这一问题。

非玻璃物体的复杂性

到目前为止，本章所介绍的内容都是关于玻璃物体的用光。然而在许多情况下，在同一画面中还会包括非玻璃被摄体。针对玻璃制品的最佳用光对于场景中的其他被摄体而言有可能恰恰是最糟糕的用光。

作为例证，我们来看看最常与玻璃器皿同时出现的两样事物：玻璃容器中的液体和瓶子上的标签。我们在此提出的校正方法对于其他被摄体也同样适用。

玻璃容器中的液体

我们常常会被要求拍摄装满液体的玻璃容器。装满啤酒的瓶子、倒满红酒的杯子、一小瓶香水或者有鱼的鱼缸都是很有趣的挑战。

作为透镜的液体

光学定律表明，装满液体的圆形透明玻璃容器实际上是一个透镜。最糟糕的结果是装满液体的玻璃容器会反射周围环境，而这正是我们不愿意让观者看到的。

图7.19是反映这一现象的典型案例。这张图片采用了之前拍摄空玻璃杯时的"标准"视角拍摄而成。

图7.19　注意这个酒杯中的"液体透镜"是如何透射出
背景的边缘，并使杯中液体的色彩变暗的。

我们发现，能够充满照相机取景框的大面积背景，并不足以充满透过液体所看到的视野。玻璃杯中心的白色矩形就是背景，周围的深色区域是摄影棚的其余部分。

我们的第一反应或许是使用面积大一点的背景（或者把背景移近一些以增大其有效面积）。然而，我们已经知道使用比视野大的背景会严重影响玻璃器皿的形状表现。这种解决方案有时是可行的——但特别不适合在需要清晰表现玻璃器皿外形时采用！对于这一被摄体，我们必须想出其他的拍摄技巧。

要解决这个问题，只需将照相机朝被摄体移近一些。若有必要，可换用短焦距镜头以保持影像大小大致不变，这样就能使现有背景充满透过液体所看到的区域。

但要记住拍摄距离较近总是会加剧透视变形现象。如图7.20所示，这种透视变形在玻璃杯边缘的椭圆形部分非常明显。大多数人不会觉得这是这幅照片的缺陷，但在有其他重要被摄体的场景中，或者从更高或更低的视角来看，这种变形就非常令人讨厌了。

图7.20　将照相机移近被摄体，从而使背景能够填满透
过装满液体的玻璃杯所看到的整个区域。

保持真实的色彩

　　保持透明玻璃杯中液体的真实色彩是一项比较棘手的任务。假设你的客户需要一张色彩驳杂的中性背景中一杯琥珀色啤酒的照片，困难之处在于透明容器中的液体总是会透射出背景的色彩和（或）纹理。如图7.21所示，所拍出来的啤酒照片色彩灰暗、毫无吸引力——根本不是客户想要的结果！

图7.21　在这张照片中，浅琥珀色啤酒变成了难看的深黑色啤酒。

　　这一难题的解决办法就是在玻璃杯正后方放置一块白色或银色的次要背景。次要背景的形状必须和被摄体一致，哪怕玻璃杯带有脚柄或者形状不规则。

　　次要背景必须足够大，大到足以充满液体后方的区域，同时又不会扩展到玻璃杯边缘照相机能够看到的地方。这些听起来很乏味，但实际上并非如此。图7.22显示了这种用光装置的简单方法。

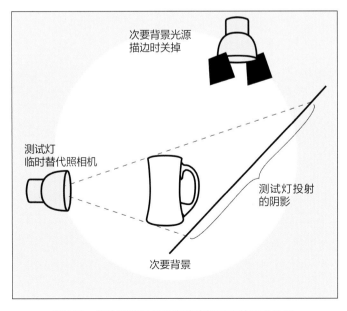

图7.22　将次要背景放置在玻璃杯后面的用光设置。

光线的具体设置步骤如下：

1. 在被摄体后方放置一块白色或银色的卡纸。有的摄影师更喜欢用与液体色彩相似的锡箔，比如用于拍啤酒的金色锡箔。将富于弹性的金属丝固定在台面上，作为卡纸的支撑，但注意不要将卡纸固定得太死。

2. 将照相机移开，将测试灯放在照相机的位置对准被摄体。这样会在背景上投射出被摄体的阴影，我们将根据投射的阴影剪裁卡纸。

3. 在背景上勾勒出被摄体的阴影轮廓。记号笔是很方便的工具。描出阴影轮廓后，移开卡纸并按描出来的轮廓进行剪裁。

4. 将经过剪裁的卡纸重新放在被摄体后面。这时我们可以移开测试灯，恢复照相机的位置。通过照相机观察被摄体，确认卡纸和照相机的精确位置，并确保看不到卡纸边缘。

5. 设置一个辅助光源为经过剪裁的次要背景提供照明。拍摄效果如图7.23所示。

图7.23 这次啤酒的色彩和亮度恢复正常了，这要归功于放在玻璃杯后面的白色次要背景。

次要的不透明物体

液体可能是玻璃器皿摄影中仅有的透明的次要被摄体。其余的次要被摄体往往是不透明的，因此更需要拍摄透明玻璃制品之外的用光技术。

此类场景的用光通常总是首先使用之前图7.10中的用光设置。相同的用光设置既能够在玻璃器皿正面产生高光，同样为不透明的次要被摄体提供了良好照明。在多数情况下，这种用光设置已经能够满足需要，下一步便是拍摄了。

不幸的是，对于其他被摄体还需要做更多工作。纸质标签是最为常见的被摄体之一。应谨记我们在自然状态下既看不到完美的直接反射也看不到完美的漫反射。虽然大多数纸张产生的大部分反射均为漫反射，但也会产生部分直接反射。在玻璃器皿表面产生直接反射的光线也可能会使纸质标签变得模糊不清。图7.24就是一个典型案例。

针对这一特定的机位，有两种方法可以对这一问题加以补救。一种是将产生高光的光源适当抬高，这样纸标签上的任何直接反射就会向下移动而不会对着镜头。

如果玻璃容器表面的高光位置非常合适以致不宜移动光源，可使用小块不透明卡纸遮挡住在标签上产生直接反射的光线。这个遮光板的位置和尺寸很关键，如果它超出了标签直接反射的角度范围，就会反射在玻璃表面。拍摄效果如图7.25所示。

改变光源位置或加用遮光板一般都可以消除次要被摄体的直接反射，而且不会妨碍玻璃器皿的用光。

我们也可以考虑将偏振镜来作为第三种补救方法。然而，这种解决方案很难奏效，因为玻璃上的大部分高光通常都是偏振光。如果用偏振镜消除来自标签的直接反射，同样也可能妨碍玻璃上的高光表现。

确认主要被摄体

本章中我们讨论了拍摄玻璃制品的亮视场用光法和暗视场用光法，也探讨了由非玻璃物体带来的复杂问题的补救措施。不过我们并没有指出应用这些技术的适当时机。

被摄体的材质决定其最佳用光方法。在同时包括玻璃制品和非玻璃制品的场景中，确定谁更重要是用光的第一步。我们是应该首先设置好玻璃制品的用光，然后再对光线进行调整以适应其他拍摄对象？还是首先设置一般性用光，然后增加一些次要光源、反光板或者遮光板来强调玻璃物体？

我们无法在纯技术层面作出评论和艺术性决定。我们有可能为两个相同的场景设置不同的用光方式，这取决于照片想揭示的意义、雇主的需要或摄影师的一时兴致。

理解光线的性质比单纯的能力更为重要，它能使玻璃制品的用光设置看起来更加专业。我们花费整整一章的篇幅来介绍玻璃制品的用光，是因为历代摄影师都发现玻璃制品是教我们学会观察的代表性被摄体。

图7.24　在玻璃瓶上产生直接反射的光线也会在纸质标签上产生高光，这降低了纸质标签的辨识度。

图7.25　拍摄这张照片时，使用遮光板挡住在标签上产生直接反射的角度范围内的光线。

8

第8章　表现人物

　　良好的用光是人像摄影最重要的因素之一。我们可以将其他方面处理得非常漂亮，但如果用光不当，那这张照片就会彻底毁掉。事情就是这么简单。谨记这一点，接下来我们看看影响人像摄影用光的一些因素。

　　我们首先介绍所有人像用光中最简单的用光设置——单光源用光。为人像提供主要照明的光源我们称之为"主光源"或"主光"，无论是使用单个光源还是与其他辅助光源配合使用，我们通常都会以相同的方式来处理主光源。

　　除主光源外，本章还会介绍一些以前没有论及的更为复杂的用光方法。所谓的"典型"人像用光通常都需要若干光源，而大多数这类用光设置也符合其他任何被摄体的类似拍摄要求。如果你不打算在人像摄影中尽数使用这些用光方法，以后拍摄其他对象可能也会用得到，因此，相比前文我们会对辅助光进行更详细的介绍。然后我们将继续介绍其他光源的用法，如强聚光和发型光。最后，我们将以当代人像摄影中不同用光技术的几个案例结束本章。

单光源设置

　　单光源设置看似简单，实际上并不是想象的那么简单。对于大多数人像摄影而言，单光源已经足够，其他用光设置可作为备选方案。但即使是单个光源也需要加以有效运用，不然的话，由于缺少其他辅助光源将无法挽救用光失败的照片。

基本设置

　　图8.1是一种最简单的室内人像单光源用光设置，图中只有一盏

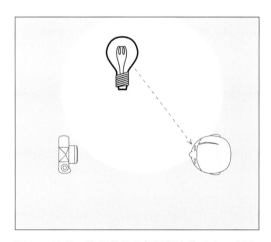

图8.1　这是一张最简单的摄影棚人像用光示意图，被摄者由放置于一侧的单个裸露灯泡提供照明。

裸露的灯泡置于一侧照亮被摄者。她坐在距充当背景的棕色墙壁前有一定距离的位置。被摄者的位置很重要，如果她距离墙壁很近，身体就可能会在墙壁上留下难看的阴影。

图8.2　图8.1的用光设置取得的结果。照片中刺眼而令人不快的阴影影响了模特面部特征的表现。

图8.3　照片中的柔和阴影来自大型光源，它们有助于表现主体的面部特征和层次感。

图8.2就是用上述用光设置拍摄的照片。某种程度上来说，这是一张令人满意的照片。它很清晰，曝光合适，构图也没有问题。但是，它犯了一个非常严重的错误——强烈的阴影破坏了画面，从而降低了画面的表现力。

现在来看图8.3。同一位年轻女士，同一种姿势，但是这次使用了极为柔和的照明光线。

观察这两幅照片的差异，在第二幅照片中，那些令人不快的、过于抢眼的硬质阴影消失不见了。这种用光产生的更为柔和的阴影有助于提升照片的表现力。它们有助于表现人像的面部特征，增加照片的层次和趣味。这种效果会让大多数人感到满意，尤其是被摄对象！

光源面积

我们刚才看到的两张人像照片的差别是什么原因造成的？为什么一张阴影强烈令人不快而另一张柔和平缓讨人喜欢呢？答案简单且并不陌生——光源面积。

我们使用裸露的小型灯泡作为光源拍摄了第一张人像照片（图8.2）。正如我们在前几章所指出的，这种小型光源会产生刺眼的硬质阴影。接着我们用面积较大的大型光源拍摄了第二张照片（图8.3）。结果证明了这一重要的用光原理，即大型光源会产生柔和的软质阴影。在图8.4中，我们可以看到使用特大型光源的用光效果。

表现皮肤的质感

光源的面积大小也会影响皮肤的质感表现。皮肤的质感在照片中呈现为微小的阴影。这种阴影与一般阴影的特征一样，既可能是硬质的也可能是软质的。

如果照片以较小尺寸出现在书籍或杂志中，特别是被拍摄的人物非常年轻时，这种质感的差异通常无关紧要。但人们往往喜欢把自己的肖像照片放得很大挂在墙上。（大多数人像摄影师都试图向顾客出售尺寸尽可能大的照片以增加收入。）即使在小尺寸照片中，许多人由于年龄的增加和天气的原因，皮肤纹理也会变得很明显。

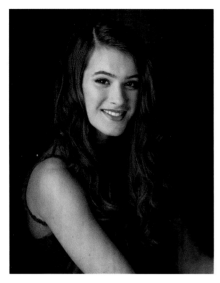

图8.4　我们用特大型光源拍摄了这张照片，这种光源产生了极为柔和的视觉效果。

图8.5　在这张照片中，你可以看到我们用来产生软质用光的大型柔光箱和反光板，前一张照片就是用这样的设置拍摄而成的。

主光源的位置

毫无疑问，在何处放置主光源是我们的首要考虑。请看图8.6中的抽象球体，它是我们用来代表球体的最简单的图形。如果没有高光和阴影，它可以被看成一个圆环、一个洞或者一个扁平的盘子。

我们同时也要注意高光的位置，如果它出现在球体的中间或者靠近球体的底部就没有现在看上去更"正确"。

拍摄人像时，最常用的主光源位置大约处于上面球形示意图中的高光位置。不过人的面部更为复杂，有鼻子、眼窝、嘴巴、皱纹以及所有不规则的人体部位。在我们对基本的用光位置进行微调时可以看看这些部位的变化。

在大多数情况下，我们喜欢将光源定位在使脸部一侧出现阴影的位置。正如我们已经知道的，要达到这种效果只要将光源放在脸部的另一侧便可。此外，我们还想让光源位置高一点，这样眼窝、鼻子和下巴下边也会有类似的阴影。

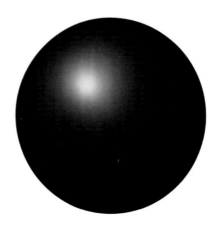

图8.6　高光区如果位于偏离中心的上左侧或上右侧，看上去会很自然。

看到这里，你也许会问光源应放到"距离一侧"多远的位置，以及多高的位置才算"足够高"。这些都是非常实用的问题。让我们来了解一个非常有用的帮手——关键三角区，然后再回答这些问题。

关键三角区

合理安排关键三角区的位置是众多优秀人像用光的基础，将关键三角区作为良好用光的标准也是简单易行的。

我们需要做的就是移动主光源，直到在被摄对象脸上形成一个三角形高光区域，如图8.7所示。关键三角区的底边应该经过眼睛，并沿面颊向下延伸至唇线位置。

关键三角区的重要性在于它可以让我们在拍摄前就看到用光的缺陷。当我们观察关键三角区的边缘部位时，良好用光的微妙之处就变得显而易见了。

接下来我们会看到三种最常见的变化，并且了解在哪里有可能会出问题。在任何一张照片中，这些潜在的"缺陷"没有一个是不可避免的致命伤，事实上，每个"缺陷"都会时不时地被利用来拍摄精彩的人像。也就是说，理解下列用光技术的变化，有助于你更好地发展自己喜欢的人像摄影风格。

关键三角区太大：主光源距照相机太近

如图8.8所示，由于光源过于靠近照相机，来自被摄对象前方的光线均匀地照亮其面部，以至于无法显示出良好的面部轮廓。（这个极端案例中很"平"的用光来自于直接装在照相机顶部的闪光灯。）

对于刚刚接触人像摄影的学生而言，评价用光是否太"平"，尤其在照片被印成黑白照片时是有一定困难的。

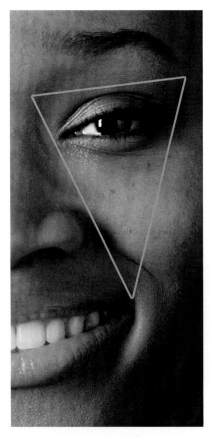

图8.7　关键三角区从眼部开始，经过面颊延伸至唇线位置。它是经典人像用光的基础。

图8.8　平光不像侧光能显示出被摄对象的面部轮廓。这种用光是由于将主光源放置在被摄对象前方且过于靠近照相机而造成的。

只有通过实践练习才能预判色彩是如何转化为灰度值的。但是当我们看到关键三角区变得很大以至不再是三角区时，就很好判断了。

我们一般通过将光源移到距离对象侧面远一些并且高一些的位置，以减小关键三角区的面积，改善用光效果。为了更好地显示面部轮廓，我们可以将光源移远以得到面积尽可能小的关键三角区，但是要小心不要导致下面两个问题。

关键三角区太低：主光源太高

我们暂且不考虑眼睛是否是心灵的窗户，对于所有的人像照片而言它们肯定是至关重要的因素。眼睛若处于阴影之中会让看照片的人内心感到不安。

图8.9就出现了这个问题。请注意，强烈的眼部阴影破坏了关键三角区的顶部，使照片产生一种不自然甚至令人毛骨悚然的感觉。眼部的阴影是因为我们将主光源放在被摄体头部上方很高的位置而造成的。解决这个问题很简单，只需将光源调低一点便可。

关键三角区太窄：主光源太侧

图8.10指出了另一个潜在的问题。拍摄这张照片时主光源过于偏向侧面，导致鼻子在脸颊处投下了一块阴影，这块阴影使得关键三角区不复存在。

解决这个问题同样很简单。为避免出现此类阴影，我们只需要将光源往脸部前方稍加移动，关键三角区就会重新显现出来了。

左侧还是右侧

摄影师通常喜欢将主光源放到被摄对象的"主视眼"一侧，或者眼睛看上去比较大的一侧。主视眼的优势越大，我们将光源放置在那一侧就更为重要。当然也有一些人的面部结构非常对称，这时将主光源放置在哪一侧都无关紧要。

另一个影响因素是模特头发分开的地方。在头发分开的一侧用光可以防止出现多余的阴影，尤其是模特的头发较长时。

有一些被摄对象会坚持让我们从某个侧面

图8.9　产生这种令人不安的、被阴影笼罩的"熊猫"眼，是因为模特头部上方的主光源位置过高。

图8.10　主光源过于偏向侧面而导致的结果。这种用光在模特的半边面孔留下了一大块阴影，遮挡住了关键三角区。

对其进行拍摄。我们往往也会听从这样的建议，因为他们是根据自己的主视眼或者发型决定的，不管他们是否意识到这一点。我们需要确定的仅仅是被摄对象在照镜子时有没有把"漂亮"的一侧和"难看"的一侧搞混。

宽位用光或窄位用光

到目前为止，我们所有照片中的模特都是面朝照相机的。无论光源位于模特的左侧还是右侧，所产生的差别都微不足道。但如果模特将头转向某一侧，差别就变得明显起来。此时我们应该将主光源放在哪里呢？

图8.11和图8.12显示了两种不同选择。我们既可以把光源放到能看到模特耳朵的一侧，也可以放到另一侧。

图8.11　将主光源放在能看见模特耳朵（处于阴影中）的相反一侧可以产生窄位用光。

图8.12　宽位用光意指将主光源放在能够看见耳朵的同一侧。

将主光源放到可以看到耳朵的一侧被称为"宽位用光"，放到相反一侧则称为"窄位用光"。（头发是否遮住耳朵与我们讨论的侧面没有关系。）

如果你再看看图8.11和图8.12，这两个名称容易混淆的用光方法的区别就显而易见了。首先我们看用宽位用光拍摄的照片。请注意，一块宽阔的高光区域从模特头发背面开始，经过脸颊直到鼻梁为止。

现在再看看用窄位用光拍摄的照片，它的高光区又短又窄，最亮的部分仅位于从模特脸颊一侧到鼻子的小块区域。

关于何时使用宽位用光或窄位用光并没有什么严格的规定。然而我们的个人偏好倾向于使用窄位用光，它使光线落在脸部正面区域，能够产生最佳效果。我们认为，窄位用光通常能够产生最引人注目的人像照片。

另外一些摄影师有着完全与众不同的偏好。他们始终认为使用宽位用光还是窄位用光应取决于被摄对象的个人特征。如果被摄者脸部较宽，那就使用窄位用光。他们认为这种用光使大部分脸部处于阴影中，会让对象看上去显得瘦一点。但如果被摄对象很瘦时，他们喜欢用宽位用光来增加画面的高光区域，使被摄者看上去更加丰满一些。

眼镜

如果不考虑摄影师的其他偏好，眼镜有时也会决定主光源的位置。图8.13就是用窄位用光拍摄的，请注意眼镜上产生了直接反射。

对于这张人像照片的用光而言，消除眼镜所产生的眩光是不可能的。当然我们也可以抬高光源，但这取决于眼镜的大小和形状，而且如果将光源抬得太高可能会使眼睛整个处于阴影之中。

图8.14显示了唯一有效的解决方法，就是对同一被摄对象采用宽位用光拍摄。将窄位用光改为宽位用光，从而使主光源处于产生直接反射的角度范围之外。

图8.13　窄位用光在眼镜上产生令人讨厌的眩光。　　图8.14　宽位用光消除了眼镜的眩光。

眼镜带来的问题随着镜片直径的增加而增加。从任何一个特定的机位来看，镜片的直径越大，产生直接反射的角度范围也就越大。

如果被摄对象的眼镜片较小，我们有时可以使用小型光源做主光源，并采用窄位用光进行拍摄。使小型光源的任何部分都处于角度范围之外是比较容易做到的事情。

静物摄影师在拍摄人像时，有时会试图在主光源前加用偏振滤光片，同时在照相机镜头前加用偏振镜以消除眼镜带来的反射，但这又会引发其他问题。

人的皮肤也会产生少量的直接反射，如果消除人像高光区的所有直接反射，或许会使皮肤看上去缺乏生机。

其他光源

到目前为止，我们已经介绍了一些使用单个光源来控制高光和阴影的不同方法。这些技术非常强大有效，即使我们手头只有一个光源，凭借这些用光技术也能产生出色的作品。

尽管我们有满摄影棚的闪光灯，但根据个人喜好，我们仍有可能比较满意单个光源的拍摄效果，而没有想过可以对用光进行更深入的研究。这对于那些不以专业摄影谋生，只能在阳光下拍摄人像的拍摄者而

图8.15 这张照片只使用了辅助光，可以看出它比主光源暗得多。

图8.16 这张照片同时使用主光源和辅助光源拍摄而成。

言是无可厚非的。然而，几乎没有摄影师只使用单个光源来从事专业人像摄影工作，因此本书将继续探讨其他光源的种类及其使用方法。

辅助光

对于大多数人像照片而言，阴影的存在是照片是否成功的重要因素。但大多数时候我们更喜欢将阴影提亮甚至将它消除。如果我们将光源靠近照相机镜头，那么仅需单个光源就可实现这一目的。然而如果打算将主光源安排在远离照相机的位置，那就需要某种类型的辅助光源。

辅助光也叫填充光。摄影师通常使用的辅助光的亮度大约相当于主光源的一半，但这并不是绝对的。有的摄影师喜欢在人像摄影中使用大量辅助光，但另一些同样能干的摄影师却不喜欢使用任何辅助光。记住整套用光规则并不重要，重要的是要不断调整用光直到满意为止。

一些摄影师使用附加光源作为辅助光，而另一些摄影师更喜欢使用平面反光板，这两种方法各有其优势。最基本的多光源设置包括一个主光源加一个辅助光源。将附加光源用作辅助光时具有相当的灵活性。我们可以将辅助光源放到距被摄对象较远的位置以免遮挡光路，但仍然能够产生足够的亮度。

图8.15使用单个辅助光源拍摄。我们将主光源关掉，以便准确地观察辅助光的照明效果。

现在我们再来看图8.16，这张照片中我们打开了主光源。这是一个典型的主光源与辅助光源相结合的拍摄案例。

使用辅助光源时光源面积非常重要。一般而言，辅助光源的原则是"越大越好"。或许你还记得，光源面积越大所产生的阴影越柔和。大型辅助光源产生的软质阴影看起来不是很明显，一般无法与主光源所产生的阴影相抗衡。

大型辅助光源在选择光位时有更大的自由度。因为大型辅助光源产生的阴影不是很清晰，所以可安放光源的位置范围很大，具体放在何处并不重要。也就是说我们几乎可以将它放到任何我们碰不到的地方，并且用光之间的差异也小到可以忽略不计。

图8.17所示为双灯人像用光设置，包括一个主光源和两个可能的辅助光源——一个为大型辅

助光源，另一个为小型辅助光源。我们不可能同时使用两个辅助光源，但是我们使用其中任何一个都可以获得很好的效果，这取决于我们的兴趣和设备状况。

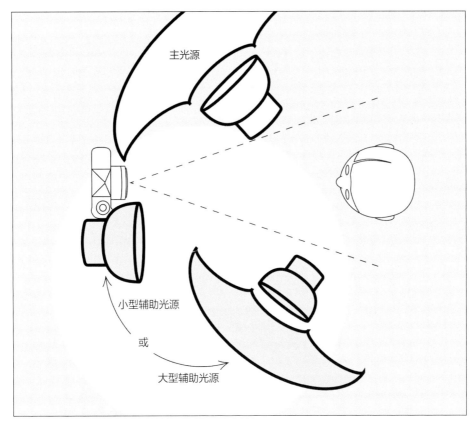

图8.17　在这张照片中，来自主光源的光线被反光板反射到模特的脸部，冲淡了部分阴影。

大型辅助光源像主光源一样使用了反光伞，这有助于增加光源的有效面积并柔化阴影。因为它的面积较大，我们可以在很大范围内移动辅助光源而不会对阴影产生重大影响。这种用光设置还可以很方便地使辅助光源靠近或远离被摄体，通过这种方式来调节辅助光亮度。

如果我们使辅助光源靠近照相机并稍高于照相机，那么辅助光源的面积可以小一些。注意，我们应使辅助光源尽可能距照相机镜头近一些。这种辅助光仍会产生硬质阴影，不过大部分阴影都会落到被摄体后面照相机看不到的地方。

将反光板用作辅助光源

如果你缺少第二个光源，那么照亮被摄对象暗部阴影最简单——也是最便宜的方法，就是用反光板将主光源的光线反射至被摄对象的脸部。在图8.5的摄影棚用光设置中，我们展示了一块设置在照相机右侧的反光板。

我们也想为你显示反光板单独作用的效果，但这是不可能的。因为反光板是被主光源照亮的，它自身并不能发出亮光。

反光板唯一令人烦恼的问题是它的亮度可能不够强，无法满足一些摄影师的偏好。当我们将照相机往后移动使画面包含更大面积（与头部和肩部相比）的身体部位时，这种问题尤为突出。这时反光板也必须往后移动以避开照相机的拍摄范围。

反光板提供的辅助光亮度取决于许多因素，具体如下：

- 反光板距被摄对象的距离。反光板距被摄对象越近，辅助光越亮。
- 反光板的角度。当反光板朝向被摄对象与主光源之间的角度时，它反射的光线最亮。将反光板转向被摄对象方向，将会减弱投射在反光板上的光线强度；将反光板转向主光源方向，就会反射更多偏离被摄对象的光线。
- 反光板的表面性质。不同的反光板表面反射的光线强度不同。在之前的拍摄案例中，我们使用了白色反光板。如果我们想让被摄对象得到更多的光线，可以使用银色反光板。但要记住，反光板表面的选择也取决于主光源的面积大小，只有当主光源也是软质光的时候，大型银色反光板才会变成柔和的光源。
- 反光板的色彩。在拍摄彩色照片时，你可能也想试试彩色的反光板，有时它们有助于增加或消除阴影的色彩。例如拍摄日光人像时，太阳通常是主光源，没有反光板时晴朗的天空光就是辅助光。蓝色的天空增加了阴影的蓝色，使用金色反光板可以使阴影变暖，消除多余的蓝色，使色彩更加自然。准确利用补色法可以让影室人像看起来像日光人像一样。淡蓝色的反光板会给阴影增加一点冷色，看上去更像是户外摄影。这种效果是微妙的，很少有观者会有意识地注意到这一点，因此他们更倾向于相信这是一张拍摄于户外的人像摄影。

图8.18显示了在一个复杂的人像用光中应如何放置反光板的案例。现在让我们讨论一下示意图中的其他光源。

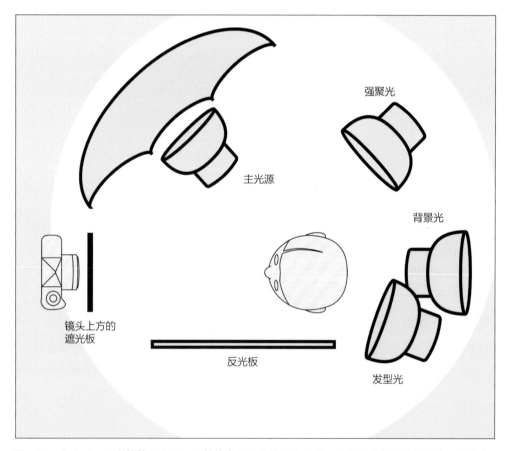

图8.18　主光源、反光板辅助光源以及其他常见的人像用光设置。虽然有的摄影师用到的光源较少，有的用到的光源较多，但这种用光设置是常见的。

背景光

到目前为止我们讨论的都是被摄对象的用光。顾名思义，"背景光"照亮的是背景而不是人物。图8.19显示了背景光单独照明的效果。

图8.20用三个光源拍摄而成。除了前面提到的主光源和辅助光源，我们还增加了一个背景光源。可以将它与图8.16相比较，后者只使用了主光源和辅助光源。

图8.19　拍这张照片时，我们使用背景光将人物的头部和肩膀与背景分离开。

图8.20　我们在主光源和辅助光源中添加了背景光，这样人物周围就会出现一圈令人愉悦的光晕，并且增加了画面的层次感。

显而易见这两幅照片是相似的。但再仔细看看图8.20，模特的头部和肩膀从背景中多么清晰地分离了出来，这就是背景光的效果。背景光在背景和主体之间提供了一定程度的影调分离。

这种分离会给人带来画面层次增加的感觉，并在被摄对象周围添加一圈令人愉悦的"光晕"。也许你不善于处理背景光，导致主体后面出现一个明显的光环；也许你非常灵活，能够将光源远离背景，或运用多个光源以均匀地照亮背景。

背景光还可以为人像摄影加上色彩，只要在光源前加上彩色滤光片或滤光镜就可以了。滤光片价格不贵，并且色彩范围宽广。将彩色滤光片和白色背景配合使用，摄影师可以减少摄影棚中不同色彩背景纸的数量。将若干背景灯加上不同色彩的滤光片可以创造不可思议的混合色彩，这是彩色无缝背景纸和白色光源所无法做到的。

图8.18显示了一种常见的背景光设置，光源放在地板上用来照亮背景。这种设置对于拍摄半身人像效果很好，但对于拍摄全身人像而言，将背景光源隐藏到被摄对象身后是相当困难的。

此外，均匀地照亮整个背景而不是只在背景中央出现一个明亮的光点，对于这个距离的背景灯而言几乎是不可能的事。为了拍摄全身人像或者均匀照亮背景，我们更愿意在被摄对象两侧放置两个或更多的背景光源。

　　背景光可能会很亮或很暗，应不断试验直至找到你喜欢的光线。对于人像摄影而言，你以后或许会将人像合成到另一个场景中，所以可以使背景比纯白色稍亮一点（为了安全起见）。这样你就可以利用软件的"变暗"图层混合模式将人像合成到其他场景中。在许多场景中，这种用光省去了抠出头发轮廓的乏味工作。

发型光

　　接下来我们将讨论发型光。这种光线经常被用作高光以便使黑色的头发与深色背景分离。然而，即使头发是棕色的，用附加光源照亮头发也可以使照片不至于太过沉闷。图8.21是单独使用发型光的效果。

　　现在看看图8.22。拍摄这张照片时我们使用了一个主光源、一个辅助光源和一个发型光源。照片中的用光组合将发型光设定为标准亮度。有的摄影师可能更喜欢暗一些的发型光，可使主体与深色背景分离但又不致过于吸引注意力。另外一些摄影师可能更喜欢比较明亮的发型光，以得到更富"剧照"性的效果。

图8.21　这张照片只使用了发型光，注意落在被摄对象头发、肩膀以及头顶的高光。

图8.22　这张照片组合使用了主光、辅助光和发型光，这里的发型光为标准亮度。有的摄影师喜欢亮一点的高光，而有的摄影师则喜欢暗一点的光线。

　　发型光通常用于将被摄对象的头发从身后的背景中分离出来，它们也能为照片增加影调变化。

　　然而，正如图8.23和图8.24所示，你也可以利用发型光为人像作品增添戏剧感和刺激性。请注意，在拍摄这两张照片时，我们将蜂巢式聚光灯作为主光、立式柔光箱作为辅助光。这两种灯光的结合产生了强烈的反差和戏剧性效果，而这正是我们想要的。

　　设置发型光源时很重要的一条就是不能产生眩光。设置光源时要记得注意发型光是否直接照到镜头。如果能照射到镜头，就需要调整光源的位置。

　　如果你不想改变光源位置，就用挡光门或者遮光板遮挡照射镜头的多余光线。图8.18中镜头上方的遮光板就是用于这个目的。

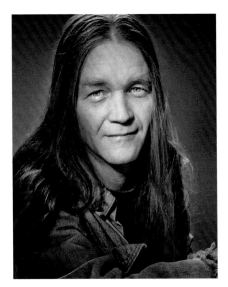

图8.23 在这幅人像中，我们利用发型光使模特看上去更具"前卫"感和趣味性。拍摄时在主光源上加装了一块蜂巢板。

图8.24 与图8.23相比，这一次我们将发型光源放置在被摄对象身后并远离对象。黑色背景也强化了这种发型光的效果。

强聚光

到目前为止我们已经讨论了不同类型的用光，有些摄影师还喜欢将强聚光作为用光设置的组成部分。图8.25就是单独使用能够产生强聚光的聚光灯拍摄而成的。

正如你看到的，聚光灯通过提供额外的高光从而为脸部增加照明或"聚光"。聚光灯的亮度通常约为主光源亮度的一半。

图8.26显示了综合使用聚光灯、主光及辅助光的拍摄结果。注意观察聚光灯如何在模特的脸部一侧增加了明显的高光。

图8.25 这张照片只使用聚光灯进行拍摄。聚光灯有时用来使局部产生小块高光。

图8.26 强聚光为模特的脸部和肩部增加了引人注目的高光。

现在让我们转向图8.27。与图8.26相比，它呈现了另一种不同的视觉效果。注意画面中的模特是如何被极为柔和的、并且令我们心灵愉悦的光芒笼罩着的。

正如你在图8.28中看到的，我们采用了若干光源加一块反光板的用光设置。实际上，其用光效果相当于一个"超级"聚光灯。

图8.27　我们想要这张人像实现这一目标：使模特沐浴在极为柔和并且令我们的心灵特别愉悦的光线之中。从结果来看，我们的用光基本上是恰当的。

图8.28　若干光源加一块反光板相当于一个超大面积的聚光灯。

轮廓光

有的摄影师会利用轮廓光来勾勒被摄对象的轮廓线。轮廓光通常是发型光和聚光灯的结合，与上文描述的用光设置非常相似，与我们用于描述光源的术语并无不同。

然而，关于轮廓光的一种变化与我们之前了解的有所不同。这种用光设置要求将轮廓光源直接放到被摄对象后面，其位置与背景光相似，只不过轮廓光照向被摄体而不是背景。

图8.29只使用轮廓光源拍摄，图8.30将轮廓光和其他光源结合拍摄，而图8.31所示为轮廓光的用光设置。

图8.29 单独使用轮廓光产生了围绕模特头部的明亮"光环"或光线轮廓。

图8.30 轮廓光与主光、辅助光组合使用。注意模特头部的轮廓光是如何使头部与背景分离的。

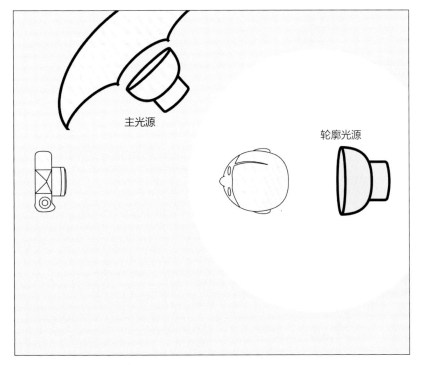

图8.31 注意我们将轮廓光源放在与背景光源相同的位置，只有在上图所示的情况下，我们才将轮廓光源放在模特头部后方。

图8.32　请注意这张人像作品中的大面积黑暗区域。它们所具有的忧郁、庄严的情绪氛围通常是低调照片的特征。

图8.33　占据优势地位的浅色调赋予高调照片以清新明亮的感觉，这种风格的照片在时尚和广告宣传领域较为常见。

情绪与基调

情绪是一种主观意识，很难说清也很难量化，不同的人对于该术语有不同的理解。在最基本的层面上，我们都一致认为深暗、低沉的光线与浅淡、明亮的光线会唤起不同的情感反应。

为了避免不同个体的感知相互间发生混淆，摄影师们用"基调"或"亮调"替代情绪。没有一个因素能决定基调。亮度可能是最关键的因素，但是主体和曝光也是极为重要的影响因素。

低调用光

大面积的、占统治地位的暗部区域是低调用光的特点。这种用光方式拍摄的照片在情绪上都具有忧郁、严肃、正式、庄严的感觉。

图8.32是低调用光的典型案例。拍摄这张照片时，我们使用了一个光源，这是低调用光的特点。

高调用光

高调用光正好和低调用光相反。高调用光的照片都比较浅淡明亮，画面中有大量的白色和浅灰影调，这通常会给人一种欢快的视觉感受。因此，摄影师频繁地采用高调用光来创造富有朝气的、快乐的视觉效果。

图8.33是典型的高调用光人像。看看这张高调用光人像有何不同之处，它的情绪与本章中出现的低调、忧郁的照片完全不同。

你在本章中看到的许多低调人像的用光都是在被摄主体边缘制造某种高光。我们需要这些高光来勾勒出主体的特征，并且使之与背景完全分离。如果没有这些高光，被摄对象的外形特征将与背景融为一体。

高调人像照总是使用大量的正面光。在高调用光中边缘高光没有多大作用，因为被摄对象的轮廓会消失在浅色背景中，因此我们通常会忽略许多在低调用光中非常重要的光线。通常高调用光技术要比低调用光技术更加简单。

要想获得高调用光，我们需要一个大型主光源，一块放置在被摄对象下方的反光板以及一对背景光源。我们将主光源放在照相机上方尽可能靠近镜头的位置，这样模特沐浴在柔和的、几乎没有阴影的光线中。

然后将反光板放在照相机下方靠近模特的位置,这样就可以将主光源的部分光线反射到模特身上。两个背景光将背景转变成一个大型的均匀的高光。

这种非常平的用光设置几乎产生不了阴影,因此不利于勾勒主体的轮廓特征。缺少阴影既是这种用光方式的优点,也是其不足之处。

由于这种用光会降低对比度,这使得斑点以及其他皮肤瑕疵不至于引人注目,因此大多数摄影师都认为高调用光有助于美化对象,非常适用于年轻女性和儿童。如若不信,不妨去看看时尚杂志和美女杂志的封面,许多封面照片的用光都与此相似。然而在使用这种"美颜"用光时要小心谨慎,因为阴影的缺失会使照片看上去较为平淡且缺少形式感,似乎完全失去了个性特征。

最后,我们来看图8.34。这是一张稍显不同的"明亮"照片,它呈现了另一种高调用光形式。我们拍摄这张照片时使用了环形光源。

图8.34 我们使用环形光源拍摄了这张特别明亮而强烈的高光照片,明亮、闪耀的金属背景同样强化了照片的氛围。

这种用光成功地在模特面部形成了特别强烈的高调效果。这种风格非常符合今天的魅力和时尚产业的要求。

保持基调

许多摄影师都建议拍摄人像照片时要么选择高调用光、要么选择低调用光，不要将高调和低调的主体以及用光方法混在一起用，除非有特别的原因。然而，我们不能总是跟着这一准则亦步亦趋。当被摄对象是一个身着深色衣服的白皮肤金发女郎，或身着浅色衣服的黑皮肤、黑头发的人时，例外就出现了。

专业人像摄影师通常会事先考虑模特的行头，但是大多数非专业摄影师会很纳闷，为什么许多人同意摄影师的建议，但是穿出的衣服却正好相反。

除非你只拍脸部，或者有人坚持要求在拍摄时混合使用高调和低调两种用光，在其他场合下，你可以将高调人像中的主光源移到侧面来增加阴影区域，从而突出面部轮廓；或者你也可以在低调用光中通过减少阴影而使皮肤变得更加光滑。

虽然如此，保持基调还是有不少优点。如果大多数画面元素都在同一个影调范围内，那么照片上就不会有与脸部相抗衡的杂乱元素。对于刚刚开始学习拍摄人像的摄影师来说，这一点尤其有用，因为他们还没有完全掌握将用光、姿势、剪裁等整合到构图中的方法。

深色皮肤的表现

我们知道照片最有可能在高光和阴影区域损失细节。几乎没有人的皮肤会白到可能损失高光细节的地步，我们极少碰到这样的问题。然而却有一部分人的肤色较暗，可能会出现阴影细节丢失的问题。

有的摄影师会在这些情况下通过增加曝光的方式来解决。有时候，我们必须要强调"只是"有时候，这种增加曝光的策略是有效的。例如被摄对象肤色较暗，并且穿着深色的衬衫和外套，这时候适当增加曝光就能补偿被皮肤吸收的光线。

然而，如果对象是穿着洁白婚纱的肤色很暗的新娘，之前的方法就会导致灾难性的结果。脸部可能会曝光正确，阴影处也会有良好的细节，但是婚纱却令人绝望地曝光过度了。

幸运的是，无需开大光圈增加曝光也可以很好地解决这个问题，并有望获得最佳结果。如图8.35所示，成功对付深暗肤色的关键在于增加皮肤的直接反射。

人类的肤色只能产生少量的直接反射，但你可能还记得，在深色表面上直接反射大多是可见的。因此，利用直接反射而无需增加整体曝光是提亮深色皮肤的一种方法。

需要牢记的另一点是光源面积越大，在模特身上产生反射的角度范围也就越大。这就使得大型光源可以产

图8.35　明亮的高光有助于增加被摄对象脸部的"可辨别性"，这种高光是由皮肤的直接反射产生的。

生更多的直接反射。因此，拍摄肤色较暗的人像照片时，大型光源会在皮肤上产生大面积的高光，而无需在照相机上调整曝光。

然而需要注意的是，光源面积微不足道的增长几乎发挥不了什么作用。因为人类的头部近似球体，产生直接反射的角度范围也相当大。我们使用的光源面积越大，效果越好。

我们仍可以将光圈略微开大一点，但不要太大，这样新娘的脸部和婚纱都能表现得很好。（如果你没有按顺序阅读本书章节，我们建议你翻回去看图6.30的"球形金属物体"以及图7.3"玻璃制品"的拍摄，以了解圆形物体直接反射的角度范围。）

柔和的聚光照明

拍摄图8.36时，我们的目的是想创作一张富于戏剧性的人像作品，使被摄对象的面部从沉闷的、几乎没有色彩的画面中鲜明地凸显出来。

在创作这张照片时，我们使用了两种不同的光源（图8.37）：一种是大型柔光箱，另一种是带有细密蜂巢板的聚光灯。

图8.36　我们将大型柔光箱和7英寸（约0.18米）蜂巢聚光灯相结合，在为模特提供整体照明的同时，凸显其面部。

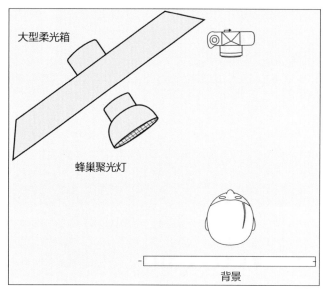

图8.37　这张示意图显示了拍摄图8.36时的"加光"法用光设置。

拍摄之前，我们要求模特穿上一件中灰色的衬衫，以配合我们事先选择的中灰色背景。

拍摄时，我们将大型柔光箱放在照相机右侧，距模特前方大约一英尺（约0.3米）的位置。在这个位置，照相机右侧的模特脸部能够获得更多的光线，有助于表现她的面部特征。

然后我们将蜂巢板直接装到泛光灯前，这种装置能够在模特脸上形成轮廓清晰的、明亮的光斑效果。

布光完成后，我们不断调整曝光设置和两个光源的输出功率，进行多次试拍。反复若干次后，我们确定了能产生图8.36效果的用光组合。

为了对示意图中的用光进行对比，在下面两张照片中，我们显示了单独使用其中一个光源拍摄模特所产生的效果。

A

B

图8.38A　模特的脸部由蜂巢聚光灯单独照亮。 　　　图8.38B　模特的脸部由柔光箱单独照亮。

　　左图中，我们看到模特由蜂巢聚光灯单独照明，而右图由柔光箱单独照明。我们不妨再次看看图8.36，观察其中两种完全不同的光源的叠加效果。

小型光源？大型光源？何不结合使用？

　　我们已经看到了小型光源的优点：阴影清晰，质感分明，大量的漫反射能够揭示被摄体的表面纹理。

　　我们也看到了大型光源的优点：阴影柔和，不会干涉主要被摄体的表现，能够覆盖用来揭示光滑被摄体表面性质的较大角度范围。

　　我们能否同时运用两种光源？当然可以，而且我们有若干种方法。一种方法根本无需任何额外花费，假设我们已经合理地配备了摄影棚光源的话；另一种相当昂贵，但使用更便捷、更容易设定位置。根据被摄对象的不同，效果的差异可能相当微妙。如果可以的话，不妨尝试这两种方法，哪怕借用部分设备，然后确定你最想使用的技术。

将小型光源靠近大型柔光板

　　由于光线不能均匀地照亮整块柔光板，柔光板中央将会出现一个亮斑，相当于一个硬质光源。也会有光线扩散到整块柔光板，它们会提供柔和的照明。

　　从本质上讲，我们用一个电子闪光灯得到了两种不同的灯光，并且能够很好地控制它们：将灯具移近柔光板能够增加硬质光，而远离柔光板则能够增加软质光。

　　一名摄影师就可以运用这种用光设置，但如果有摄影助理帮助的话速度会更快。摄影师移动支撑柔光板的主支架，然后告诉助理另一个支架应放在何处（"不，不对，离被摄对象再近0.15米。是的，就是那儿！"）。假如柔光板已经到位的话，我们必须重新安排光源的位置。

　　难学吗？不。需要练习吗？当然需要。事实上在你读到这儿时，已经证明你是那些打算为用光进行额外努力的摄影师中的一员。

将光源放置在柔光板背后然后在前方设置第二个小型光源

它与第一种方法的效果几乎相同，但是操控性更强，因为我们可以独立调整两个光源的功率大小。

另一种方法是使用雷达罩

雷达罩是一种金属反光罩，与其他影室闪光灯的反光罩类似，只是它们的面积非常大，直径通常达到20~30英寸（约0.5~0.7米）。大型反光罩产生软质光；小型闪光灯管产生硬质光。

有的雷达罩可选用附件将闪光灯管遮住以获得更柔和的光线，产生一种雷达罩加柔光箱的组合效果。不像其他方法需要三到四支灯架，这种方法仅需一支灯架，因此一名摄影师就可以很容易地控制用光效果。

这听上去像是一个双赢的局面，不是吗？不全是。雷达罩不能折叠起来，因而不便携带，而且价格也相当昂贵。不过，如果你已经设备齐全，而且大部分拍摄工作都是在摄影棚内进行，下一步或许可以考虑购置一个雷达罩。

使用彩色滤光片

到目前为止，我们所使用的都是标准的日光型光源。现在情况有所不同。图8.39显示了一种三灯组合用光设置——一个主光、一个强聚光以及一个背景光。

我们在主光源上的银色反光伞上蒙上了一块淡蓝色的明胶滤光片。接着，我们在条形柔光箱的网格下蒙了一块琥珀色滤光片，用作强聚光。最后，我们将一块蓝绿色滤光片蒙在背景光上。图8.40为最终拍摄效果。这一用光设置具有全然不同且变化无穷的视觉效果——你或许非常希望能继续探索不同效果。

图8.39　我们使用三个"过滤"光源——一个主光、一个强聚光和一个背景光——拍摄了下面的人像照片。

图8.40　前一种用光设置的拍摄结果——一幅变化无穷且难以忘怀的图像。这种效果的唯一限制是观者的想象力。

9

第9章　极端情形下的用光

极端情形指照片中出现最亮和最暗的灰度区域或彩色区域的情形。许多年来，由于传统胶片无法补救的固有缺陷，极端情形成为最有可能导致图片品质欠佳的因素。优秀的摄影师不论如何总是能够获得出色的照片，因为他们在弥补这些缺陷上花费了大量精力，始终思考如何将这些问题降至最低。

极端状态是任何照片都会存在的潜在问题。但在"白色对白色"或"黑色对黑色"的照片中，照片完全由极端影调构成，没有什么照片会比这种情形更糟糕了。

数字技术的运用避免了胶片的某些缺陷，但在解决这些问题的同时又暴露出新的问题：有的人喜欢这些"缺陷"。如果我们拍出了一张技术上无可挑剔的照片并将它精心制作出来，却有可能觉得这张照片沉闷而缺乏吸引力！因此，我们必须重新回顾这些传统的、我们一直希望有一天能够避免的缺陷，只是为了获得一张看上去还不错的照片。

当我们谈论人们喜欢什么和不喜欢什么的时候，听上去我们似乎在和流行趣味玩游戏，不过流行趣味往往在一年或一代人之后就会完全颠倒过来，然而我们却不会。这些偏好似乎被固化在人类的大脑里，没有成百上千年的演变不会发生改变，也许要通过外科手术植入数字眼睛并学会使用它们才有可能改变。本章中，我们将探讨这些缺陷的特点、如何将其应用到数字图像中以及如何使图像的质量损失降至最低等问题。

特性曲线

本书中我们的注意力通常放在用光方面，并未全面探讨基本的摄影技术。然而，在我们对"黑色对黑色"或"白色对白色"的被摄体安排光源时，"特性曲线"显示了所使用的一些技术，因此我们必须对此加以探讨。其他作者已经详细解释了这些技术细节，你可以根据自己的需要决定在本节花费多少精力，这取决于你已经读过哪些作者的书。

特性曲线被用于许多技术领域，表示一个变量与另一个变量的相互关系。在摄影中，特性曲线是表示所记录下的影像亮度随不同曝光量用光而变化的曲线图（我们使用非技术名词"亮度"表示数字影像传感器的电子响应以及胶片密度）。为简便起见，我们只讨论灰阶曲线。当然我们在这里谈到的同样适用于彩色摄影，只不过彩色图像需要三条曲线，分别表示红色、绿色和蓝色（对于胶片是青色、品红和黄色）。

完美的曲线

特性曲线是一种比较两个灰阶的方法：一个灰阶代表场景的曝光梯级，另一个灰阶代表所记录的影像的亮度值。

需要注意的是，我们谈论特性曲线时所说的曝光与我们谈论拍摄照片时所说的曝光稍有不同。摄影师在拍摄照片所说的曝光，指整幅图像一次性接收到的均匀一致的曝光，例如f/8、1/60秒。拍摄中谈到的这种曝光是"在这种光线条件下针对这种被摄体我如何设置照相机的光圈与快门"的简略说法。

但摄影师也知道场景中的每一个灰度级别都由照片中的唯一影调值表示。假设我们拍摄的不是一堵空墙，所记录下的影像就是在实际场景中组成灰度影像的一组曝光值。因此，当我们谈论特性曲线中的曝光梯级时，我们指的是"整个场景"，并不一定指很多以不同曝光拍摄的照片。

图9.1显示了当我们拍摄包含10级灰阶的场景时会发生什么。在这幅示意图中，水平轴代表曝光梯级，即原始场景中的灰度。垂直轴代表图像梯级，即所记录图像的一组灰度。

图中每个曝光梯级的长度都相等，这并不是一种巧合，摄影师和发明灰阶的科学家特意将可能的灰度范围分成相等的梯级。然而，最终图像中相应亮度梯级的大小可能彼此各不相同。这种梯级大小的差异正是特性曲线图所要表现的方面。

一幅理想图像的重要特征就是所有的图像梯级长度全部相等。例如，如果测量标有"梯级2"的垂线长度，你会发现它与标有"梯级5"的长度相等。

这意味着曝光的任何变化都会导致图像的亮度产生完全一致的变化。例如，图9.2是相同场景的曲线图，以理想的数字影像传感器（或理想的胶片）增加三挡曝光拍摄而成。

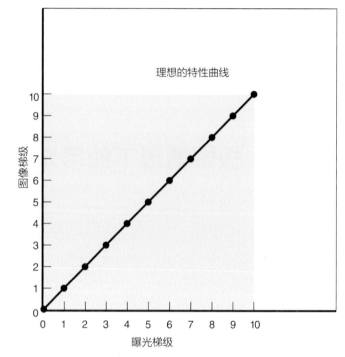

图9.1　完美的"曲线"图：曝光的任何变化都会使最终图像发生相应变化。

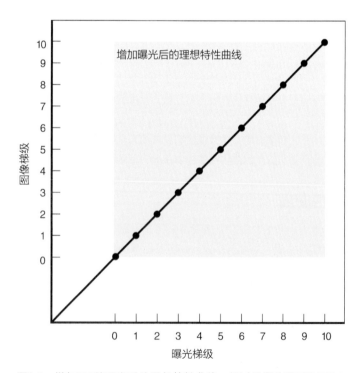

图9.2　增加了3挡曝光后的理想特性曲线，经过后期处理后和图9.1所示的曲线相同，因为两条曲线的密度梯级关系是相同的。

拍摄之后，如果我们觉得图像的色彩太浅，可以很方便地将它加深。如果使用的是理想的数字影像传感器，曝光将非常简便。对理想曝光心存疑虑的摄影师只需在正常曝光基础上增加一些曝光就可以放心了。所得图像经过后期处理，能够产生具有相同灰阶的图片。（此外，只要我们在谈论理想状态，我们也就假定了胶片颗粒是非常细微的。）

然而在现实中，曝光是更关键的考虑。这是因为图像的密度梯级图形并不是一条直线，而是一条曲线。

糟糕的照相机

日常工作中摄影师几乎从来不运用特性曲线，但在他们的脑海中会经常浮现曲线的形状，因为这有助于他们预先想象实际场景会如何在图片中呈现。此外，这种想象的图像会稍稍夸大实际场景中的问题，我们称这种夸大的情况为"糟糕"的照相机。

如果我们像第一幅示意图所示的那样进行理想的曝光，那么从"糟糕"的照相机将得到如图9.3所示的特性曲线。水平线上的曝光梯级和第一张曲线图完全相同，因为我们拍摄的是同一场景，但请看看垂直线上的亮度值发生了什么变化。

第1级至第3级占据着极少的亮度空间，第8级至第10级同样如此，这说明图片中的阴影区和高光区被大大地压缩了。"压缩"意味着在实际场景中差别极大、能够很容易辨别出来的影调在照片中显得非常接近而难以辨别。

图9.4是一张正常曝光的照片。除了部分黑暗区域，这块户外标牌的大部分区域都是由中等到明亮的影调混合而成的。

曝光过度

记住在正常曝光的平均影调场景中，压缩会出现在密度灰阶的两端。如果改变整体曝光会改善灰阶一端的压缩，但另一端的压缩效果会变得更差。图9.5显示了曝光过度的好处和损失。

如图所示，我们看到增加曝光会消除部分阴影区的压缩。这固然不错，但高光区的压缩却变得更加糟糕了。

让我们看看之前的场景如果曝光过度到这种程度会导致什么结果。图9.6就是曝光过度的结果。我们看到标牌边

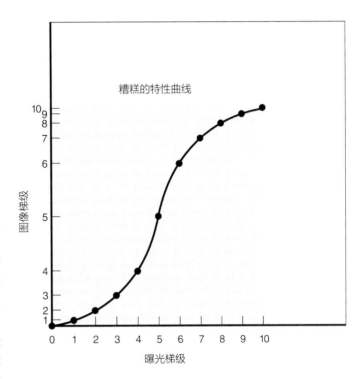

图9.3　在"糟糕"的照相机上，高光区域和阴影区域都被大大压缩了。

图9.4　正常曝光的场景在阴影区域和高光区域都会有一些压缩，但问题并不明显。

缘的阴影细节得到改善，但照片的其他部分却显得过于明亮了。然而这只是问题的一个方面，我们可能以为在后期制作时能够通过压暗图像的方式修复这一部分。

让我们观察图9.7，看看如果我们压暗图像会出现什么结果。现在中间影调和上一张图片上的影调已经非常拉近了，然而我们却无法修复因曝光过度而导致的高光压缩。标牌的表面细节仍然没有得到妥善的表现。尽管照片上的高光区变得更暗了，但它们的细节表现并没有变得更好。

然而这张糟糕的照片也并非一无是处。曝光过度使最暗的阴影部分的细节都揭示出来了，甚至在较暗的照片上也是如此。

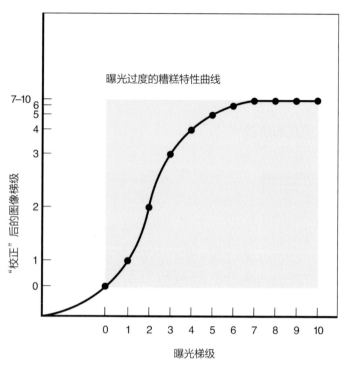

图9.5　曝光过度降低了阴影区域的影调压缩，但却使高光区域的压缩变得更糟。

图9.6　曝光严重过度的同一个场景。

图9.7　曝光过度的照片经过"校正"后几乎没有增加高光区的细节。

曝光不足

如果图像曝光不足，我们看到阴影区的影调会出现类似问题。图9.8为曝光不足的特性曲线。

图9.9是一张曝光不足的图像。这张照片高光区域的梯级区分得更清楚，换句话说，高光区的每一个灰阶都与它上面和下面的灰阶有明显的区别。这种技术上的改善是否令人满意取决于特定的场景以及观者的偏好。在这个场景中，标牌表面高光区的细节比之前的画面更清晰。当然，没有人会认为这种改善值得我们以压缩图中的阴影区为代价。

我们再次尝试解决这一问题。我们提亮图9.9尝试恢复阴影细节，得到了图9.10。当我们看到特性曲线的时候或许已经预见到画面效果，提亮后的照片并没有恢复阴影区的细节。这是因为曝光不足已经使阴影的影调压缩得太多，这些区域已经无可救药了。

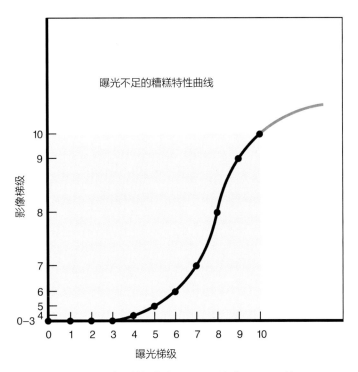

图9.8　曝光不足形成的特性曲线，阴影区域遭到严重压缩。

图9.9　曝光不足的图像。原始场景中大量层次分明的阴影区影调被压缩了。

图9.10　曝光不足的图像经过处理后得到的影调更明亮的照片。尽管整个场景的影调变亮了，但阴影区域的细节却无法恢复。

使用RAW格式拍摄

至少一个世纪以来，摄影师们都对S型特性曲线感到遗憾，希望胶片制造商能够使曲线变直一些。他们发现在曲线的高光和阴影部分细节遭受了损失，想当然地认为更直的曲线能够改善细节的表现。现在数字摄影已经取代了胶片摄影，我们可以实现这个愿望，但结果发现数字摄影也有它的缺陷。

数字照相机中的RAW格式文件拉直了特性曲线，在对场景正常曝光的情况下保留了过去经常会丢失的高光和阴影细节。现在的问题是，这样的照片看上去缺乏立体感。

我们希望看到中间影调有更大的反差，为此宁愿牺牲一点高光和阴影区域的细节。因此，我们似乎必须保留这些摄影技术方面的缺陷，除非人类心理发生重大改变。

RAW格式文件的优势在于它在进行后期制作之前保留了丰富的图像细节，在后期制作时对于需要牺牲哪些细节以提升照片质量可进行判断。RAW格式文件通常被称为"数字底片"，因为摄影师会采用在暗房中经常用到的方法来处理RAW文件。

和底片一样，RAW文件给摄影师提供了在拍摄之后改变思路的自由，使用RAW格式文件可制作出与最初拍摄的图像全然不同的TIFF或JPEG图像。

RAW文件的缺点在于各家照相机制造商的RAW文件均不相同，并且彼此不能兼容。这可能会使RAW格式文件受到相机制造商的专用软件的制约，这是一个非常棘手的问题。现在无论是谁都可以用马修·布雷迪的底片制作照片，或许会比他本人制作得还要好，但如果支持当前RAW格式文件的软件在未来的150年中不复存在了，我们的后代又该如何处理我们的数字底片呢？

到美国国家档案馆去欣赏爱德华·斯泰肯在二战期间担任海军摄影师时拍摄的照片是件有趣的事。政府拥有这些底片，但印放出的照片效果通常比爱德华本人冲洗的照片差得多。不过有一次一名政府冲印室的技术员放制出一张超过爱德华水平的照片。老胶片有时也能揭示出新内容。

有人认为更出色的专业RAW格式解决方案是Adobe公司的"数字底片格式"（DNG）。这是一个公开的、非保密的标准，很可能会在历史的长河中幸存下来。该格式保留了RAW格式文件的优势，但是任何具备软件知识的人（包括那些在150年后不管使用何种电脑的人）都能理解并运用这一方案。有的相机制造商采用了与DNG兼容的RAW格式，不过这样的制造商实在少得可怜。

颗粒度

有些摄影师仍在使用胶片拍摄，这是有充分理由的。即使科技发展使胶片彻底成为明日黄花，可能仍然有一些摄影师会采用胶片创作。也许这样做只是为了与众不同，就像那些仍在用19世纪的感光材料冲印照片的人一样。为保险起见你可以使底片曝光过度，但我们必须提醒你曝光过度会增加照片的颗粒度。

影响颗粒大小最重要的两个因素是胶片的感光度和影像密度。在能够保证获得合适的光圈和快门速度的前提下，我们通常选择感光度最慢的胶片。其次，我们密切关注影像的密度以使颗粒最小化。

影像密度越大，颗粒越粗。影像密度的增加是由于曝光的增加还是显影的增加所引发几乎毫无差别，颗粒的增加同样如此。

这意味着在整个画面上颗粒的大小并不一致。由于密度的差异，高光区的颗粒比阴影区的更多。这一事实使有些摄影师感到奇怪，对那些所冲洗的底片品质一致，无需经过处理就可以直接印放照片的摄影师而言尤其如此。

大多数底片上密度较厚的区域在最终照片上呈现为浅灰色或白色。这些区域的颗粒较粗，但由于影调过浅而很难被发现。此外，照片中的高光区颗粒也被相纸特性曲线所固有的高光区压缩进一步隐藏起来了。

然而，假设标准的印放曝光不足以表现高光区细节，根据不同情形，大多数摄影师会在印放照片时通过整体增加曝光或者在问题区域局部增加曝光（即"加光"）加以补救。这使得照片上有的高光区梯级好似中间梯级。在印放照片时，把密度较大的灰度梯级作为中间梯级进行曝光能够显示底片上最粗的颗粒。

底片上的高光压缩并不像阴影压缩那么糟糕，但缺陷会随着颗粒的增加而变得更复杂，最终影像质量也会变得更糟糕。

许多年来，优秀的摄影师意识到如果使用现代放大机放制照片，所使用的黑白底片在显影时应比说明书推荐的标准时间缩短大约20%，这样可以减少胶片的颗粒。

然而拍摄彩色负片的摄影师仍然严格遵守标准显影时间，因为缩短显影时间会严重影响照片的色彩。这些摄影师应该感谢美国专业摄影师协会前会长——Frank Circchio先生，他在使用数码相机前曾经制订出彩色负片曝光系统，该系统能够确保在不造成曝光过度的前提下使胶片获得充分的曝光。他制作出比其他摄影师面积更大、清晰度更高的照片，以实践证明了该系统的有效性。

两种特殊拍摄对象

"白色对白色"和"黑色对黑色"场景的拍摄难点并不只是由被摄体自身造成，也与摄影这一媒介最基本的要素有关：场景应该被记录在至少能够保留影像细节的特性曲线部位。这意味着没有一种单独的用光技术，甚至是一组用光技术，能够满足处理这类被摄体的要求。

"白色对白色"和"黑色对黑色"场景需要完全掌握所有类型的摄影技术。在所有技术中，两组最基本的技术是用光和曝光控制。在每一张照片的拍摄过程中这两组技术均共同发挥作用。

具体场景中，每一种技术的相对重要性有所不同。有时我们首先考虑场景的曝光控制，但在另外的情况下我们又将用光技术作为首要工具。在本章的剩余部分，我们将讨论这两组基本技术，并就何时使用何种工具提出一些指导意见。

白色对白色

将白色被摄体安排在白色背景前是一种实用且颇具吸引力的方式。在广告中，这种安排能使设计者在构图方面获得最大的灵活性。字符可以放在画面的任何地方，甚至可以放在被摄体的次要部位。白色背景上的黑色字符通常非常显眼，哪怕是报纸上印刷质量很差的图片也是如此。

此外，摄影师无需急着剪裁照片以适应版面空间。如果照片复制后能保持背景的纯白色，读者将看不出来这幅广告照片的边缘到底在哪里。

不幸的是，"白色对白色"的被摄体仍是所有场景中最难表现的。"正常"曝光的"白色对白色"场景被记录于特性曲线上最糟糕的部位。在曲线的这一部位，较小的对比度会压缩该部分灰阶，场景中区别明显的灰度梯级在照片上会变得相似或完全相同。

白色背景前的白色被摄体在很大程度上使我们无法使用喜欢的一种用光要素：直接反射。在先前的章节中，我们了解到平衡直接反射和漫反射能够更好地表现细节，否则这些细节会消失。在光源或者镜头前加装偏振滤光片或偏振镜可以对直接反射进行特别的控制。

和其他场景一样，"白色对白色"场景中通常会有许多直接反射，但场景中漫反射的亮度通常会盖过直接反射。由于大量漫反射的作用，照相机无法拍到更多的直接反射，摄影师试图掌控直接反射，但无济于事。

然而继续抱怨更是徒劳无益，因此我们将在下文探讨如何解决这些问题。

在拍摄"白色对白色"的被摄体时，良好的用光控制会产生影调差别，而有效的曝光控制能够保留这些差别。但任何一种控制都无法单独达到目的，因此我们将分别详细讨论这两种控制方法。

"白色对白色"场景的曝光

特性曲线上的最高和最低部位是最容易丢失细节的区域。减少"白色对白色"场景的曝光量就是将场景的曝光放在特性曲线的中间部位，这样做或许会使场景显得过暗，但我们可以在后期进行补救。

最糟糕的情形是处理后的照片仍然出现和正常曝光时相同的细节丢失，这情有可原；另一种情形是处理后获得更多的高光细节，这是相当美妙的事情。

记住无需对标准场景因曝光不足而导致的阴影细节损失过于担忧，因为"白色对白色"场景的阴影区域影调相当浅淡。那么，在避免出现其他麻烦的前提下，我们应该减少多少曝光呢？

下面是我们即将用到的一些规定。我们假设"正常"曝光是测量18%灰板的反射光读数或者直接测量入射光读数得出的，进而假设"标准"再现指照片中灰板的反射率同样还原为18%。最后，我们假设"减少"曝光和"增加"曝光都是对"正常"曝光的有意偏离，以此区别因失误而引起的曝光不足或曝光过度。

在相同的光线下，典型的白色漫反射比18%灰板大约亮2.5挡光圈或快门。也就是说如果我们测量的是白色物体而不是灰板，则需要比测光读数增加2.5挡曝光才能得到正常曝光。

然而，假设我们没有增加2.5挡的曝光补偿值而是严格按照测光表的读数进行曝光，在标准冲印程序下同一件白色物体将变成18%的灰色物体。这种影调实在太深，观众几乎不会将18%的灰度当成"白色"。不过这种曝光确实有它的优点，那就是将白色被摄体放到了特性曲线的直线部分。

不过没有人强制我们运用标准再现模式。我们可以使照片的影调变浅至所需程度，观众会将这种近似浅灰色的影调称为"白色"。只要我们在后期提升图像的阶调，并将它从RAW格式转换为标准文件格式，我们就能够获得想要的高光压缩。

那么，如果我们通过这种方式可以获得理想的高光压缩，为什么不从一开始就采用正常曝光来完成这种压缩呢？我们不能那样做，这是考虑到两个原因：（1）减少曝光为后期制作留下了更大空间；（2）数字传感器不具备理想的线性响应，它的特性曲线也有一个肩部区域，尽管这个区域很小。减少曝光能够使不容易保留的细节部分远离肩部区域。

在拍摄"白色对白色"的物体时，减少2.5挡曝光是我们能够接受的最大调整幅度。在拍摄非常明亮的白色场景时可以尝试这种方法，只要简单地根据反射测光表的读数进行曝光，不进行任何曝光校正即可。

精通测光技术的摄影师或许会很反感我们的建议，即只是将测光表对准被摄体，然后按照测光读数进行曝光，却不进行任何计算或补偿。他们说得没错！如果我们没有继续提醒你注意次要的黑色被摄体和透明物体，那么给出这样的建议可以说是完全不负责任。

如果场景完全由浅灰色组成，使用由反射测光表提供的未经补偿的读数进行曝光完全没有问题。但是如果场景中还有其他黑色被摄体，它们将会缺少阴影细节。

细节损失是否会成为一个问题完全取决于特定场景中的被摄体。如果黑色被摄体无足轻重，并且因体积过小不会彰显缺陷之处，那么缺少阴影细节就不会令人不快了。

然而，如果次要的黑色被摄体非常重要或者面积较大，将会吸引观众的注意力，缺陷也会变得很突出。在这种情况下，最好使用正常曝光而不要减少曝光量。"重要性"是一种心理判断而不是技术判断。对于一个"白色对白色"的场景减少曝光量，而对另一个技术上完全相同的场景采用正常曝光，这是完全合理的。

如果我们考虑到可能会发生的错误，并且接受未经补偿的"白色对白色"场景的测光读数，那么这属于有意识地减少曝光。如果我们只采用测光表的读数而不考虑可能会带来的风险，那么可能会导致曝光不足的拍摄失误。

"白色对白色"场景的曝光量较少，这也有利于我们使用较低的感光度。在ISO180情况下正常曝光的场景，减少2.5挡曝光意味着我们可以在ISO32的情况下使用相同的光圈和快门速度。

"白色对白色"场景的用光

和其他任何场景的用光一样，"白色对白色"场景的用光目标是加强质感和层次的表现。为达到这一目的，我们可以采用第4章和第5章中介绍的用光技巧。但拍摄"白色对白色"的场景有一个特殊要求，即必须保持被摄体的所有部分都不会消失在背景之中。

若想获得真正的"白色对白色"场景，最简便的方法是直接"印放"一张空白相纸。当然，摄影师提及"白色对白色"这个术语时并不是指真正的"白色对白色"，他们的实际意思是"在极浅灰色背景上的极浅灰色被摄体，同时场景中也有一些白色部位"。

我们已经讨论过为什么近似的浅色影调在照片中会变成同一影调，良好的曝光控制会最大限度地解决这一问题。但浅灰影调在同样的浅灰影调中仍然会湮没不见，使被摄体不致消失的唯一方法就是使其影调浅于或深于其他灰色影调。这就是用光要解决的问题。

被摄体与背景

需要加以区分的最重要的灰调是被摄体和背景的影调。如果不对这两者的影调加以区分，观者将无法辨别被摄体的形状。观者或许从来不会注意到被摄体内微小细节的损失，然而边缘部位的影调缺失将会相当地引人注目。

我们可以对背景或被摄体的边缘进行照明，使其在照片中再现为白色（或非常浅的灰色）。确定了白色的位置之后，我们知道其他区域应该比白色的部分稍暗一些了。从技术层面上讲，是主要被摄体还是背景的影调略深无关紧要，因为无论哪种方法都能够使影调区分开来。

然而从心理层面上讲，背景还是被摄体是白色的却举足轻重。图9.11为白色背景前的白色被摄体，我们让背景呈现为白色而被摄体呈现为浅灰色。在你观看照片时，大脑会将这一场景识别为"白色对白色"。

不过大脑通常不会将灰色背景识别成白色。请看图9.12，我们对场景重新布光，将背景处理为浅灰色而使被摄体呈现为白色。你看到的不再是"白色对白色"的场景，而是"白色对灰色"的场景。

图9.11　背景呈现为白色而巴赫的半身像呈现为浅灰色。大脑将这样的场景识别为"白色对白色"。

图9.12　现在背景呈现为浅灰色而半身像呈现为白色。在这种情况下大脑会将该场景识别为"白色对灰色"而不是"白色对白色"。

图9.12并非失败之作，在被摄体和背景之间仍有良好的影调区分，不管从哪方面看都算是令人满意的。你可能更欣赏它的用光，并且我们没有理由看轻它，我们只是说这不是"白色对白色"的成功案例。

由于本节探讨的是"白色对白色"的场景，因此在所有案例中我们将使背景保持为白色，或者接近白色。在这些图例中，背景的亮度应该比主要被摄体的边缘亮度高半挡到1挡曝光。如果小于半挡，部分被摄体将会消失于背景之中；如果大于1挡，照相机内的眩光可能会降低被摄体的反差。

使用不透明的白色背景

最容易拍摄的"白色对白色"场景是那些能够对主要被摄体和背景的用光分别进行控制的场景。在这些案例中，我们可以稍稍提亮背景光线使其呈现为白色影调。

将被摄体直接放在不透明的白色背景前是最为棘手的"白色对白色"场景设置，因为我们在设置被摄体或背景的光线时，无论怎样调整，这两者都会互相影响。不过这也是一种最常见的设置，因此我们将首先解决这一问题。图9.13显示这一场景的用光设置。

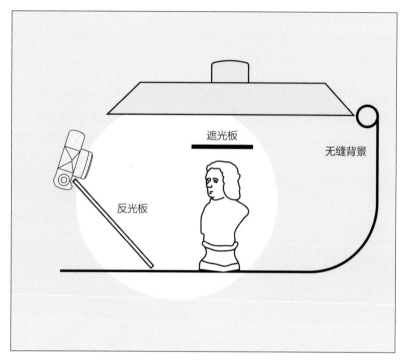

图9.13　拍摄"白色对白色"场景的有效用光设置。拍摄图9.14时我们没有在头顶上方使用遮光板，而拍摄图9.15时使用了遮光板。

从上方照亮被摄体

　　将光源安排在被摄体上方可以使被摄体正面略微处于阴影之中，但摄影台却得到了充分的照明。这种用光能够完全确立我们所需的灰色被摄体和白色背景。如图9.14所示，在大多数情况下无需做进一步调整就可以看出被摄体的两侧和背景之间的差别。

　　然而需要注意的是，这种用光也给被摄体的顶部带来了过强的照明，以致使该区域的影调层次丢失。这意味着在正式拍摄之前还需要对用光做一些调整。

在被摄体上方加用遮光板

　　这一步几乎必不可少。我们将遮光板置于被摄体上方，它投射的阴影足以使被摄体顶部的亮度降低，使之近似于正面的亮度水平。如图9.15所示，调整后的影调效果更为理想。

　　你或许会觉得奇怪，我们在上一个步骤中并没有讨论光源的面积问题。就所关注的被摄体而言，你可以使用任何大小的光源，只要看上去合适就行。不过我们还是建议使用中等面积的光源，因为在使用遮光板时能够获得最好的效果。

　　遮光板投射的阴影硬度通常比被摄体的阴影硬度

图9.14　巴赫半身像两侧边缘和背景之间区别明显，然而头顶却基本消失了。

更为重要。如果光源面积过小，我们或许无法使遮光板产生的阴影足够柔和从而融入场景之中。但光源面积过大又可能使阴影过分柔和，无法有效降低被摄体的亮度。一开始时就采用中等面积的光源可以为以后试用遮光板留下空间。

如果你以前从未进行过这一操作，可能不知道应该用多大面积的遮光板，和被摄体应该保持多远的距离。这些因素随被摄体而变化，因此我们无法提供一个现成的模式，不过我们可以告诉你如何自行判断。

首先准备一块和高光区面积相近的遮光板，试验时手持遮光板缓慢地上下移动。你可以改变遮光板的大小，在精确调整好位置后将遮光板夹住固定。

遮光板离被摄体越近，产生的阴影就越硬。将遮光板靠近被摄体再远离被摄体，看看会发生什么。遮光板的阴影边缘应与需要调整的高光区边缘完美地融合在一起。

在使遮光板远离被摄体的时候，它的阴影可能会变得太浅。出现这种情况，可尝试面积大一些的遮光板。相反，如果遮光板的阴影能够完美地融入画面但影调太深，可将遮光板裁小一些。

图9.15 一块遮光板挡住了巴赫半身像头顶的光线，解决了前一张照片中的问题。头顶现在变得清晰可见了。

最后，当遮光板相对于主要被摄体的位置摆布合适后，看看它在背景上的效果，因为遮光板也会在背景上投射下阴影。对大多数被摄体而言，遮光板在背景上投射的阴影会被被摄体的阴影完美融合，不会引人注目。遮光板在背景上的阴影会比被摄体顶部的更加柔和，这是因为背景距遮光板要比被摄体距遮光板更远的缘故。

如果被摄体非常高，遮光板或许根本不会在背景上产生明显的投影。然而非常浅而平的被摄体会存在这一问题。举一个极端的例子，比如一张放在白色桌子上的白色名片，如果不同样地在背景上投射阴影也就不可能在名片上留下阴影。在这种情况下，我们必须使用本章下文即将讨论的其他类型的背景，或者在拍摄完成后对照片进行遮挡或修饰。

增加立体感

被摄体所处的白色背景会产生大量填充光。遗憾的是这种辅助照明通常过于均匀，无法使图片产生良好的立体感。图9.15在技术上可圈可点，因为被摄体已经非常清晰地呈现出来了，然而单调一致的灰色调却使其显得枯燥乏味。

如果被摄体的影调大大深于背景影调，我们需要在一侧增加一块反光板，这样可以同时增加辅助光和立体感。通常"白色对白色"被摄体的影调只比背景略深，我们应慎用辅助光增加其亮度。这种情况下我们通常可以将一张黑色卡纸放到被摄体一侧，这会遮住部分反射自背景的光线，并压暗被摄体一侧的影调。

拍摄图9.16时就在照相机左侧放了一张黑色卡纸，并使其恰好处于照相机取景范围之外。

图9.16 照相机左侧的黑色卡纸会减少来自桌面的反射光，使画面产生立体感。

使用半透明的白色背景

如果被摄体呈扁平状，那么很难在降低其亮度的同时却不同样降低背景的亮度。解决这一难题的有效方法是使用可以从背后进行照明的半透明背景，白色的有机玻璃非常符合这一要求。只要被摄体是不透明的，我们可以将背景调节至任何令人满意的亮度而不会对被摄体造成影响。图9.17为这一设置的用光示意图。

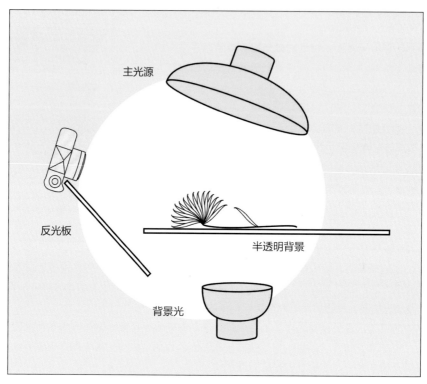

主光源

反光板

半透明背景

背景光

图9.17 半透明的背景在画面上比白色的被摄体还要明亮。

图9.18就采用了这种用光技巧。被摄体与背景具有显著的差别，但是要注意被摄体下方的照明已经完全消除了背景上的阴影。

看到这张照片之后，在想要保留被摄体下方阴影的时候我们可能会避免采用这种用光方式。我们应该回避这种设置吗？绝对不能。这一用光技术的最大优势就是允许我们控制被摄体过于突出的阴影而完全不受被摄体用光的影响。下面介绍一下操作步骤。

首先关掉我们打算用来照明被摄体的所有光源。接着设置一盏测试灯以产生令人愉悦的阴影，这个光源是否适合被摄体并不重要，因为我们不会用它来拍照片。

我们只是用这种光源来描画被摄体的阴影轮廓（这和我们在第6章中对角度范围以及第8章中对装满液体的玻璃杯后面的反光板所做的一样）。

接下来，移动被摄体下面的任何透明或半透明纸张

图9.18 在最终照片上，来自花朵下方的光线消除了背景上的任何阴影。

（如果你在这个过程中移动了被摄体则无需担心，此时并不需要精确的定位）。用铅笔在纸上描画出阴影的形状，然后拿开这张不透明纸张并剪下阴影图形。最后一步如图9.19所示，将剪下来的阴影图形粘贴于半透明背景之下。

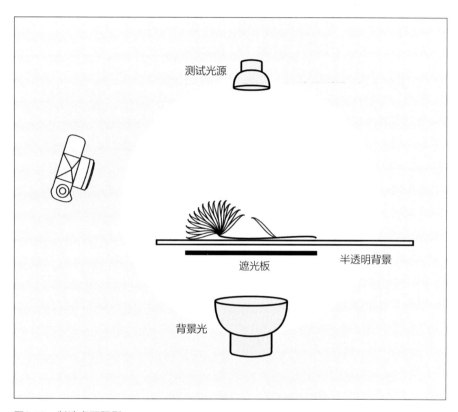

图9.19　制造桌面阴影。

现在你可以关掉测试光源了，只要你愿意，可以用任何方式为被摄体提供照明。图9.20就是采用这种设置拍摄的照片。花朵和枝干下方的阴影并不是被摄体投下的阴影，但看起来却非常像。

用镜子做背景

最便于运用的"白色"背景可能要算镜子了。除了直接反射以外镜子几乎不产生其他反射，这种直接反射可能要比来自白色被摄体的漫反射明亮得多。

我们首先使用带有大型光源的用光设置，并确保大型光源能够覆盖在镜子表面产生直接反射的角度范围。（我们采用在第6章中介绍过的确定扁平金属物体角度范围的方式确定镜子的角度范围，如果需要用光示意图可以参看前面的章节。）由于必须覆盖整个背景的角度范围，这个光源有可能是我们曾经用过的照亮扁平被摄体的最大光源。

另一个需要特别提请注意的问题是，光源不应该照

图9.20　我们将"定制"的遮光板放在台子下面，它产生的阴影好像是由花束投下的。

亮那些分散注意力的物体。记住光源本身会在镜子中产生可被照相机见到的强烈反射。

对于图9.21，我们无需使用额外的用光设置。面积如此大的光源通常能够产生极为柔和的阴影，以至不需要其他辅助光源。此外，这是极少数几种通过背景在被摄体下方反射辅助光的用光技法之一。

这种用光技术的一个缺点是来自被摄体的反光。根据花枝的形状和修剪的状态，这种反光有可能令人感到困惑。如果有可能，不妨试着在镜子上喷上水雾以掩饰这种反光。

另一个可能的问题是缺少背景阴影，以这种用光设置是无法获得背景阴影的。如果你觉得阴影对于被摄体不可或缺，那么其他的用光设置或许会取得更好的效果。

无论何时确保背景的小型化

我们已经解释过为什么对白色被摄体而言直接反射通常无关紧要。极少的一点直接反射固然有助于增加一点立体感，但与漫反射相比通常还是显得过于微弱了，不能担当用光的主要角色。

图9.21 反射光源的镜子是另一种比"白色"的花朵还要"白"的背景。

但是这种直接反射有一个例外情况，就是来自被摄体边缘的直接反射。边缘区域的直接反射特别容易使被摄体消失于白色背景中，更为糟糕的是，所有用光设置中的白色背景都处于最有可能在边缘产生直接反射的位置。

最常见的解决方法与亮视场用光中的一种技巧相同，也就是使背景的直接反射远离玻璃杯边缘。我们曾在第7章中探讨了这一技巧的要点：尽可能保持背景的小型化。有时背景会比照相机的取景区域大许多，并且我们不想将背景裁切成小块。在这种情况下，我们可以将光源限定在成像区域之内，也可以在成像区域四周放置黑色卡纸。

拍摄"白色对白色"场景的另一个危险是照相机眩光。大型白色背景会在照相机内发散大量光线，而且这种眩光很可能非常均匀一致，很难辨别出来，哪怕是在整体反差严重降低的情况下也难以分辨。不过如果你将白色背景的面积只设置到所需要的大小，就无需担心眩光的干扰了。

黑色对黑色

掌握"白色对白色"场景的拍摄方法是在掌握"黑色对黑色"场景的拍摄过程中迈出的重要一步。这两种场景的许多拍摄原则大致相同，只不过以相反的方式进行运用。我们会指出二者的相同之处，但也会强调它们的差异之处。

在考虑曝光时，二者的主要差别不在于是否将影像记录于照相机的噪点范围之内；在考虑用光时，二者的主要区别在于是否增加直接反射的强度。

"黑色对黑色"场景的曝光

有关特性曲线的章节指出在阴影区和高光区存在着灰度梯级的压缩。这种压缩会在JPEG格式的图像中发生，也会在将图像由RAW格式转换成其他任何通用格式时发生。我们也已经知道为什么曝光过度会夸大"白色对白色"场景的这一问题，以及为什么曝光不足会夸大"黑色对黑色"场景的这一问题。

由于数字噪点的缘故，压缩问题在阴影区域稍显严重。这些随机产生的微小斑点在缺少大块黑色区域的正常场景中并不引人注目，但在"黑色对黑色"场景中会相当明显。这一问题的严重程度与照相机的质量有关，但到目前为止，至少就我们所见而言，所有照相机都在某种程度上存在着这一问题。因此我们在拍摄"黑色对黑色"场景时会通过增加曝光使影像靠近中灰阶调，虽然我们知道这样的影像在后期制作中需要进一步将其压暗才行。

拍摄"黑色对黑色"场景时曝光量允许调整的最大值与"白色对白色"场景相似，为2挡半。此外，由于噪点的缘故，我们实际上可能更倾向于调整至极限值，这意味着我们采用的曝光会大大高于灰板的测光读数或入射光测光读数。我们也可以简单地将反射测光表对准被摄体并按照测得的读数进行曝光，无需进行曝光补偿也可达到这一目的。

如果我们谨记这种技术有可能产生的潜在问题，那么对于更复杂的测光技术而言，这是一个令人满意的捷径。这种方法也和"白色对白色"场景的曝光方法相似。当然，这种方法会使同一场景中浅灰影调的次要被摄体曝光过度，因此只有在场景真正近似于"黑色对黑色"时才适用于这一技巧。

"黑色对黑色"场景的用光

拍摄"黑色对黑色"的场景时，需要对曝光特别加以留意，以尽可能地将更多细节记录下来。不过，增加曝光这种方式对"黑色对黑色"场景而言，只有在次要的白色被摄体不会出现曝光过度的危险时方可实施。

即使在没有任何白色被摄体时，增加"黑色对黑色"场景的曝光有时看起来也并不尽如人意，虽然这样可以比正常曝光记录更多细节。尽管恰当的曝光至关紧要，但仅仅控制曝光是不够的，将曝光控制和用光控制相结合才有助于我们创作出出色的照片。现在我们来了解用光的原理和技术。

和"白色对白色"一样，当我们承认它是一种缩写形式时，"黑色对黑色"也是一种对场景的精确描述。更完整的描述应该是"主要由深灰色构成，但也包含部分黑色的场景"。

和其他场景一样，"黑色对黑色"场景的用光同样需要表现深度、形状和质感。正如"白色对白色"场景，"黑色对黑色"场景的用光同样需要把场景的部分曝光梯级移到密度坐标的中间部位。通过这一方法，我们可以避免场景中过浅或过深的相似影调在照片中变得完全相同而无法分辨。

"白色对白色"场景会产生大量的漫反射，这是它呈现为白色的原因。相反，黑色被摄体之所以是黑色的，是因为黑色的场景缺少漫反射。漫反射的多少在用光方面非常重要，主要是因为它暗示了直接反射的多少。

对于"黑色对黑色"和"白色对白色"场景的用光而言，它们的最大区别在于大多数"黑色对黑色"场景允许我们充分利用直接反射。白色被摄体所产生的直接反射并不一定很少，而是因为与明亮的漫反射相比，不论何种类型的白色被摄体所产生的直接反射通常都不是那么引人注目而已。

同样的道理，黑色被摄体并不能产生更多的直接反射，然而与相对微弱的漫反射相比，它们产生的直接反射更加明显。

因此，对于大多数"黑色对黑色"场景的用光而言，其经验法则就是尽可能地利用直接反射。如果你已经掌握了金属物品的用光方法，就知道在拍摄这些物品时我们通常也采取相同的方法（直接反射使金属看起来更加明亮，我们极少拍摄看起来很暗的金属物品）。因此，拍摄"黑色对黑色"场景的另一个有效原则就把它当成金属物体来拍摄，而不管它实际是什么材料。

通常，这意味着要找出产生直接反射的角度范围，并且设置一个或多个光源覆盖该角度范围（第6章介绍了具体做法）。在本章以下部分我们将探讨有关用光的细节问题。

被摄体和背景

我们拍摄的场景可能仅仅由灰色构成，而不是真正的"黑色对黑色"场景。这意味着被摄体或者背景需要表现为深灰而非黑色影调，以确保被摄体不致分辨不清。

图9.22为黑色背景前的黑色被摄体。我们使用顶光为黑色的乌鸦照明，这种用光方式有助于将乌鸦从无缝背景纸的深黑色影调中分离出来。被摄体的这种处理方式能够使它与背景区别开来并完整保留自己的形态。

深灰背景上的黑色被摄体可以保持同样的差别。在这两个案例中，被摄体和背景之间的差别足以保证被摄体能够清晰呈现出来。然而，如图9.23所示，为背景提供照明会引发其他一些问题。

图9.22　大脑通常会将黑色背景与深黑色被摄体（如图中的乌鸦）的场景解读为"黑色对黑色"场景。

图9.23　然而在这张照片中，乌鸦看起来是黑色的，而背景却变成了灰色。此时大脑不再认为这是一个"黑色对黑色"的场景。

请注意，图中的背景看上去不再呈现为黑色。在心理上我们会将深灰色被摄体当成是黑色的，但不会同样将深灰色背景当成是黑色的。对于设置简单的场景而言，它通常无法给大脑提供更多线索以确定原始场景到底是什么状态。对于许多设置更复杂的场景而言，上述事实同样成立。

这与前面讲过的一个原理相关，即大多数情况下，只有当背景为纯白或接近纯白的时候，大脑才会将场景看成是"白色对白色"的。针对这一情况所采取的处理技巧也差不多。

如果只是打算使被摄体区别于背景，那么可将背景或被摄体中的一个处理为黑色，另一个处理为灰色。不过如果你想要成功地表现"黑色对黑色"的场景影调，那么应使背景尽可能地保持黑色。

你会看到这一观念将影响我们介绍的几乎所有用光技术，仅有一种例外情况，即使用不透明背景。下面我们将讨论这一技术。

使用不透明的黑色背景

将黑色被摄体放在不透明的黑色背景前，这通常是设置"黑色对黑色"场景最糟糕的一种方法。我们首先讨论这种方法是因为它通常是最便捷的方法，要知道大多数摄影棚里都会备有黑色的无缝背景纸。

图9.24说明了这个问题。（和第5章中用来照明盒子的设置一样，采用了从上方照明的大型光源。）被摄体下方的背景纸获得了与被摄体相同的照明，没有什么简易的方法可以使被摄体的亮度大于背景。我们知道应该使被摄体呈现为深灰而不是黑色以保留细节。然而如果被摄体不能呈现为黑色，那么下面的背景同样不可能显示为黑色。

我们可以使用聚光灯将光线集中于主要被摄体，这样可以使背景显得暗一些。不过要记住，我们想要在被摄体上产生尽可能多的直接反射，就需要大型光源来覆盖产生直接反射的角度范围，而使用大型光源通常意味着不能使用聚光灯。

我们也希望来自背景的大量反射属于偏振直接反射，然后可以在照相机镜头前加用偏振镜阻挡反射光从而使背景保持黑色。这种方法有时会奏效，但在大多数情况下，来自被摄体的直接反射同样带有偏振光。很遗憾，偏振镜在压暗背景的同时也可能会压暗被摄体，而且压暗的程度大体相当。

最佳解决方法是找一块比被摄体产生的漫反射更少的材料做背景。对于大多数被摄体而言，黑色丝绒符合这一要求。图9.25中的被摄体与前面照片相同，用光设置和曝光也相同，只不过用黑色丝绒代替了黑色背景纸。

使用黑丝绒做背景可能会出现两个问题。一是少数被摄体非常黑，甚至比黑丝绒还要黑；另一个更为常见的问题是黑色被摄体的边缘和它的阴影融为一体，在图9.25中就出现了这种状况。这种损失是否能够接受因照片而异，是一个见仁见智的问题。但在这里我们假定不能接受这种缺失，因为我们要讨论的是如何解决这个问题。

辅助光此时发挥不了什么作用。记住被摄体不会产生大量的漫反射，并且能够在被摄体边缘产生直接反射的光源处于成像区域中。

注意，这个问题和第6章中讨论的金属盒问题差不多，我们可以利用不可见光来解决。遗憾的是我们无法通过黑丝绒反射大量光线，无论是不可见光还是可见光，只有光滑表面能够做到这一点。

使用光滑的黑色表面

在图9.26中，我们用黑色有机玻璃代替了黑色丝绒，从光滑的表面反射出一些不可见光到被摄体的四周。这种方法几乎对任何黑色被摄体都适用。然而真的如此吗？

请注意被摄体上方的大型光源也覆盖了在光滑的有机玻璃表面产生直接反射的角度范围，因此背景看上去不再是黑色的。你这么快就注意到了这一点，可能你还记得我们前面讲过背景必须保持黑色影调的话。

在简单的"黑色对黑色"场景中，大脑需要看到黑色的背景。明白这一点，我们可以不管这种明显的矛盾来讨论用光的方法。这幅照片中，被摄体、背景和被摄体的反射构成了一个更为复杂的场景。我们认为被摄体下方的黑色反射提供了足够的视觉线索，告诉大脑背景表面是黑色的，但是光滑且能反射光线。因此这还是一个"黑色

图9.24　如果手电的曝光正常的话，黑色背景纸就不可能呈现为黑色。

图9.25　本图与图9.24的曝光相同，但黑色丝绒背景比黑色背景纸暗了很多。

图9.26　黑色有机玻璃背景。注意被摄体在背景上的清晰反射，这个场景还是"黑色对黑色"的吗？

对黑色"的场景！

这种论点应该能够说服大多数读者，使我们在出现灰色背景时也得以过关。但还是会有读者心存疑虑并坚持最初的观点，我们下面将介绍另一个解决方案。

使被摄体远离背景

假设我们将被摄体放在距离背景足够远的位置，那么照射被摄体的光线就不会对背景产生任何作用了。然后我们可以采用任何用光方式为被摄体提供照明，而背景仍会保持黑色的影调。

如果我们将被摄体的底部从画面中剪裁出去就非常容易了。图9.27中的模型手立在距离背景有一定距离的底座上，这样光线在充分照亮模型手的同时却几乎不会落到背景上。不过如果需要完整地表现被摄体，我们还必须采用一些技巧。

业余爱好者认为专业摄影师在拍摄这类照片时会使用细线吊住被摄体，有时我们确实会这样做，但通常需要在后期对细线进行处理。（细线在电影短片或者视频镜头中偶尔能够逃过观众的视线不被发觉，但在高品质静态图像中则可能非常明显。）处理黑色背景通常并不困难，然而不做处理显然更佳，因此我们建议采用其他方法。

在第6章中，我们将金属盒放在一块透明的玻璃上，然后用偏振镜消除玻璃表面的偏振直接反射。使用偏振镜不会对金属产生影响，因为来自金属的直接反射几乎不带偏振光。

玻璃台面对大多数黑色被摄体并不适用，因为来自黑色被摄体的大量直接反射有可能是偏振光。如果用偏振镜消除玻璃表面的反射，也有可能使被摄体变成黑色。

图9.27　被摄体距离背景有一定距离，这样可使光线照射到被摄体但不会落到背景上。

直方图

在"黑色对黑色"和"白色对白色"场景的章节中需要更多地探讨摄影的技术问题而不是其他，因而在此处讨论直方图比较适宜。

许多摄影师第一次接触直方图是在Adobe Photoshop中（点击"图像>调整>色阶"就可以看到了）。在学会使用直方图之后，许多人都认为这是一种比任何传统摄影技术都更直接的图像控制方法。如今许多数码照相机已经将直方图引入传统摄影当中。

许多数码照相机在取景时会显示场景的直方图，使我们在拍摄之前就能够进行类似Photoshop功能的校正。还没有一家数码相机制造商能够像Adobe公司一样提供完美的直方图，但我们假定它们已经做到了。

从概念上讲，直方图相当简单，它并未比本已十分简单的曲线图多些什么。然而，一旦掌握了如何解读直方图——如何解读其中包含的信息——直方图就会变成威力巨大的工具。在当今数字时代，理解直方图的重要性不言而喻，没有哪个摄影师的工作可以不用借助直方图。

一个直方图由许多线条构成，每一根线条都代表着不同亮度值的像素数量，像素的亮度值包括从纯黑到纯白之间的256级灰度阶调。

我们用数码照相机拍摄彩色照片时，照片的基本直方图通常由三个直方图组成，它们分别代表红色、绿色和蓝色。如果需要对照片的色彩进行调整，可以选择某种色彩的直方图单独调整。

不过我们暂时先忽略这些。我们假定在以下的章节中所拍摄的都是黑白照片，这样介绍和理解起来会更加容易。

请看图9.28，这是一个典型的直方图，它表示的是图9.27的信息。换句话说，图9.28是表示图9.27中不同亮度的像素数量的示意图，这些不同亮度的像素组成了图9.27。

影调最深的像素位于直方图的左侧，最浅的位于右侧，中灰影调位于中间部位。当把所有的像素信息集中在一起的时候，我们就得到了一张代表照片中的影调值的示意图，并且可以看到影调值的分布情况。

我们可以将直方图转换为灰阶值来说明问题。我们可以说在直方图最左侧的纯黑部分的影调值为0，纯白的影调值为255，中灰的影调值为128。将它和我们熟悉的区域曝光系统相对应，可以说直方图的最左端对应"0"区，中灰对应"V"区，最右端对应"X"区。

之前我们说过从黑色到白色之间共有256级灰阶，然而我们现在又说灰阶的最高值只有255，这可不是排版失误：0也代表一个等级。

因为这是一个"黑色对黑色"场景的直方图，因此没有显示白色或浅灰色。注意场景中最亮的像素约为218或220，而不是255。同样，"白色对白色"场景在直方图左侧的像素数也会少得可怜。

预防问题

我们来看看这个直方图，从直方图我们可以推断这张照片很可能已经被处理过。观察直方图中大约93、110和124以及其他几处地方的亮度值裂口。这些断裂在所拍摄的场景中极为罕见，它们通常表示在后期处理中的数据丢失。在这个案例中，数据的损失较小，然而过度调节则会导致非常严重的后果。

如果认为图9.27的画面过于黑暗，可增加其亮度。图9.29是经过加亮处理后的结果，图9.30是其直方图。

新的直方图大约有100个断裂，这就是直方图的作用所在。通过直方图，即使缺少经验的摄影师也能看出他们可能忽略了什么问题，甚至最有

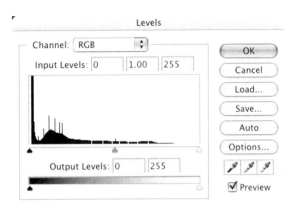

图9.28　直方图代表了存在于场景中的每一个灰阶值或色调值的数量。

图9.29　与图9.27是同一张照片，但进行了加亮处理。

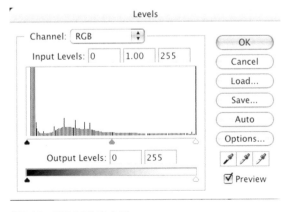

图9.30　图9.29的直方图。

经验的摄影师也需要借助直方图确认拍摄效果。我们或许会认为图9.29是一张出色的照片，但它的直方图却引发了我们的担忧。

过度处理

在照相机中和在后期制作中调整直方图有诸多相似之处，但两者之间的区别至关重要。尽管后期处理与用光无关，但我们会有所保留让你们误认为我们已经知无不言了吗？当然不会！下面是我们应该介绍的一些重要知识，即使这些知识与用光并无直接关系。

避免"糟糕"直方图的最佳方法，第一步是正确用光并且准确曝光。但有时我们无法做到这一点，我们不能让瞬息万变的新闻事件等着我们布置好光源！

过度处理通常是由于对图像进行反复调整而造成的：我们调整图像，看一下效果；再调整一下，然后再看一下效果，如此反复。请不要这样做！

当今数字时代，数字照片通常会在不同的地方和不同的人之间传来传去。在此过程中的每个环节，照片的色彩范围、饱和度、色调，以及所有其他参数都有可能发生改变。

这种被无可救药地过度处理过的"改善"图像随处可见，然而遗憾的是当我们在几乎所有的显示器上查看这样的图片时，并不能立刻发现这一点。所幸借助该图片的直方图可以迅速地发现问题。

在调节直方图时，我们会将特定范围的灰阶值扩展至更大范围（这会导致直方图断裂成为"糟糕"的直方图）。然而，影调等级是有限的，我们在扩展某一范围的影调时，通常会压缩另一范围的影调。

压缩意味着原来占据较宽范围的灰度值现在只占据狭窄的范围，这意味着在原始图片中两个不同的灰度值现在可能变成了相同的灰度值。细节就这样丢失了。那么这种处理总是必要的吗？绝大多数情况下是必要的，如果图像其他部分的改进能够补偿细节损失的话。

更严重的问题来自反复调整。细节的损失是累加的，如果每次调节都非常轻微，你可能根本注意不到。

一种久经考验的解决方案是保留原始文件，而在复制的文件上进行调整，并且对调整过的文件加上标注。如果不满意调整结果，则删除更改过的文件，返回原始文件根据标注重新进行调整。最新版本的Photoshop能够在图像文件中保留这些标注。

另一种方案是使用Photoshop的"调整图层"功能。通过该功能进行调整时不会影响原始文件，调整后的图层只代表呈现在显示器中或照片上的图像，就像已经进行过处理一样。因此这种方案不会损害原始文件，并且可以根据需要反复进行调整。

曲线

在数字摄影领域，我们的讨论不应严格限定在用光方面，也应该讨论一下曲线。我们在这里不会提供详细的信息，因为现有的数码照相机只能显示直方图。（不过在你读到这里的时候，也许有某些照相机能够显示曲线。）

曲线是一种后期处理工具，它在显示器上看起来很像在本章前面介绍过的胶片特性曲线。曲线看上去和直方图全然不同，但却能够提供很多相同的信息（图9.31）。曲线和直方图有两个区别：（1）曲线不能表示场景中每个亮度值的数量；（2）直方图只允许我们调整灰阶上的三个点（黑点、白点和中点），而曲线允许我们在任意点上进行设置和调整。

对灰阶进行多点调校，这种能力使曲线在修饰

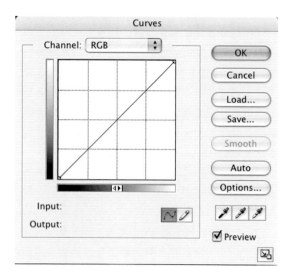

图9.31　曲线对话框。

图片（或毁掉图片）方面成为威力强大的工具。和调节色阶一样，Photoshop允许通过非破坏性图层进行曲线调整。

我们鼓励初学者首先学习如何控制直方图，然后学习曲线的用法，并且使用非破坏性图层处理图片。

新的原理

在本章我们几乎没有介绍什么新的原理，相反，我们集中讨论了基本的拍摄和用光。（还有一些手段和技巧）

"白色对白色"和"黑色对黑色"被摄体不需要很多特殊技术，但它们确实需要一丝不苟地应用基础知识。在摄影领域一般而言都是这样。专业的提升不一定需要学习新的知识，而是反复学习基础知识，并且以更灵敏的方式将它们融会贯通。

基础知识之一就是光的性质永远不变，我们的虔诚和智慧也从未使其稍有改变。我们喜欢说控制用光，但通常真正能做的只是按照光线的方式与其合作。任何光线都是这样，无论是在摄影棚内还是在室外。

你将在下一章了解更多这方面的情况。

10

第10章　移动光源

　　到目前为止，我们所探讨的大部分话题都被认为属于经典的"摄影棚"摄影。但是本章却不一样，我们将探讨户外摄影的用光问题。我们将脱离摄影棚的限制（当然那也是熟悉和舒适的地方），来到户外开展拍摄工作。换言之，我们将使用便携式设备进行拍摄。

　　许多年前的情况并非如此，所谓室外或"外景"摄影更像是一场痛苦的折磨。大型灯具、沉重的电源、发电设备、线缆、灯架、柔光板、反光板以及其他各种设备，这些都必须小心翼翼地装进沉重的大箱子中带走。

　　到了外景地，一切设备必须取出来，使用过后重新包装，然后运回原来的地方。不仅搬运工作繁重，还要花费大量时间并且经常需要额外的人手。不用说，这种工作方式的运行成本通常也是居高不下的——这一事实常常令我们的客户郁闷不已！

　　所幸现在情况已经发生了巨大变化。对于那些仅仅几年前还需要我们搬运重达数百磅的若干大箱子才能完成的外景摄影任务，今天只需要带上两三个小包即可，重量只是前者的零头。以前可能需要三到四个摄影助理才能完成的任务，现在只需一个助理，甚至一个也不需要。

　　你或许会问，为什么会有这样的差别？好吧，答案很简单：微型化。今天，许多拍摄工作都可以用能够发出强烈光线的、令人惊叹的小型用光设备完成，而且效果非常出色。

外景摄影灯具

　　今天，大多数从事外景摄影的摄影师使用三种基本的灯具，它们是：重型"便携式"闪光灯，轻型"热靴式"闪光灯和LED连续发光灯板。其中便携式闪光灯虽然仍有摄影师在使用，但不少摄影师——无论是专业的还是业余的——已经逐步转向另两种灯具了。因此，在本章中我们只对便携式闪光灯进行简要介绍，而把重点放在热靴闪光灯和LED灯板的使用上。

重型便携式闪光灯

　　这种闪光灯由电池提供电力，它们比影室闪光灯功率稍低，但重量显著变轻，因此可以方便地带来带去。它们的功率平均在100~1200瓦秒，功率较低的闪光灯电源可以背在肩上并通过电源线连接到闪光灯头。功率较大的电源通常放在地上，而闪光灯头则安装在足够坚固的灯架上。

轻型热靴闪光灯

今天的热靴闪光灯轻便且功率强大，具有令人赞叹的丰富功能。它们极为便携，对于许多拍摄任务都能提供足够的照明。它们不仅可以通过热靴连接到照相机上使用，也可以从照相机上卸下进行离机闪光（图10.1）。

热靴闪光灯更大的用处在于它们可以很方便地与其他闪光灯连接起来，形成更强大的组合光源，并且可以进行遥控。此外，有许多现成的附件可用于热靴闪光灯，如各种柔光板、聚光镜、反光板、蜂巢板、滤光片之类的光线调节器，并且大部分价格也很公道。了解了这些，就很容易理解为什么热靴闪光灯会成为当今许多顶级摄影师的用光选择——特别是那些大部分时间都在不同的外景地之间往返穿梭的摄影师。

LED灯板

这些明亮的小"灯泡"是步入摄影用光领域的一种最新——当然也是最具革命性——的设备。灯板由数百到数千颗体积虽小但极为明亮的发光二极管组成（图10.2）。最小的灯板由电池供电，并且重量很轻，可以安装到照相机的热靴上。其他面积更大的灯板通常安装在灯架上。

因为LED灯板发出的是连续光，它们受到那些同时拍摄视频的静物摄影师的热烈欢迎。LED灯板的另一个优点是工作时基本不产生热量。最后，今天的许多LED灯板允许用户根据需要调节色温，这可以在后期处理时节省大量的时间和工作量。

获得正确曝光

现在，我们已经介绍了外景摄影中最常用的灯具，我们将继续介绍一些有助于获得最佳拍摄效果的技术。我们首先来看如何确定合适的曝光。

影室摄影师通常在稳定一致的光线条件下工作，他们可以使用与之前相同的曝光设置而无需过多斟酌。然而在外景地拍摄时，确定正确曝光却变得更加复杂。

图10.1　较轻的重量、较小的体积和强大的输出功率，使得热靴闪光灯成为许多摄影师的"必备"装备。

图10.2　对于那些同时拍摄视频的静物摄影师而言，LED灯板尤为有用。随着LED灯板输出功率的增大——这是毫无疑问的——将会有越来越多的摄影师愿意采用这种灯具。

例如，现场光线总是在不停变化。随着外景地的变换，外景现场能够反射光线的墙体、天花板以及类似表面的亮度各不相同。摄影师在房间内工作时，光源与这些反光表面之间的距离长短则取决于房间的大小。在使用闪光灯拍摄时，有三种基本方法可以获得正确曝光，摄影者应牢记在心：

- 由闪光灯和照相机共同决定曝光。
- 使用闪光测光表测得准确曝光。
- 通过计算确定曝光。

本书中我们将集中讨论前两种方法而忽略第三种。这样做出于两个原因。首先，今天的数码照相机都是立拍立现的，你按下快门之后拍摄结果便会立即显现在照相机的LCD显示屏上。你可以在拍摄时随时察看曝光是否正确。因此，如果你在暗处拍摄，你会立刻意识到需要增加曝光量。

其次，现代照相机的TTL（透过镜头测光）测光系统极为精确，总能得到不至于太离谱的闪光结果。试拍几次，你便会很容易地获得所需的精确曝光效果。

如果你有兴趣了解一下当今闪光设备如何确定曝光的计算方法，可以去查阅它们的说明书。说明书通常会提供该闪光设备如何计算闪光曝光的详细信息。

由闪光灯自行决定曝光

简言之，现代热靴闪光灯发出极短的闪光照向被摄体，然后它们"读取"被摄体反射回来的光线，据此判断发出的光线是否能够产生合适的曝光。显然，这是一个极为精密的程序，并且几家主要的相机制造商都提供有所谓的"专用"闪光灯，专门搭配自家生产的照相机使用。这种专用闪光灯在和照相机配合使用时能够最大限度地发挥自身威力。我们非常愿意推荐这类闪光灯，哪怕它们的价格相当昂贵。

专用闪光灯最重要的一个功能是TTL测光。除了使用简便、操作迅速，这类闪光灯的主要优势是能够对拍摄环境的光线状况进行评估。这种功能非常有用。例如，如果你在大型体育馆中拍摄之后又来到教练的办公室，闪光灯便会自动进行适当的曝光调整，以适应小房间的墙壁和天花板上反射出的光线。

使用闪光测光表

市面上有许多性能优异的闪光测光表。尽管它们在操作细节上稍有差异，但对于任何确定的现场光与闪光的组合，在保持快门速度不变的情况下，它们都能计算出合适的镜头光圈。

我们有时会使用闪光测光表并且乐此不疲。这种测光表对于所有使用闪光灯拍摄的摄影师而言都是一个有用的附件。然而，它们也有不少缺点，不能完全依靠它来决定曝光。跟任何复杂设备一样，测光表会在我们最需要它们的时候出问题，尤其是在去外景的途中在摄影包中被磕碰过之后。

测光表和LED灯板

因为LED灯板是连续光源，对于大多数拍摄场景，当今数码相机的内置测光表都能够提供非常准确的曝光读数。当然，在使用LED灯板照明时，可能会与其他光源（如日光、白炽灯或荧光灯）配合使用，如果你愿意，此时也可以使用任何标准的"独立式"测光表进行测光。

获得更多光线

谈到光线，摄影师总是显示出贪婪的一面。我们似乎总想获得比现有光线更多的光线。在开展外景摄影时尤其如此——由于便携性和电源供应的原因，我们往往无法随身携带足够的用光设备。

当然，有时能够用来拍摄的光线绰绰有余。我们都曾经面临过这样的情况，甚至在按下快门前就知道这种光线会产生眩光、高反差的画面，因为光线超出了我们的控制，然而这样的用光已经是我们能够得到的最佳光线。

例如，前段时间我们接到拍摄警察在繁忙的辖区执勤的任务。他们在夜间执行任务，一旦哪里发生事情他们便会迅速行动起来。这种情况下根本没有时间去考虑拍摄过程，也没有时间将闪光灯安放到合适位置。因为大多数事件发生在大街上，附近没有天花板或墙体来反射光线。能够使用的只有装在照相机顶部的闪光灯。

行动开始时，我们唯一来得及做的事就是瞄准拍摄，在这种情形下再考虑现场的"光线质量"就显得有点迂腐了。此时最需要考虑的是如何获得足够的光线以便展开拍摄。

诸如此类的情形层出不穷，几乎各种摄影类型都会碰到这些情况。但是不管情形如何变化，通常的思路都是必须获得拍摄照片所需的足够光线。

为了获得尽可能多的光线，你首先要做的事情就是利用常识：带上有可能用到的最明亮的光源。这并不意味着使用功率尽可能高的闪光灯。例如，有的闪光灯带有更为有效的反光罩，它们在不增加重量的情况下能够增加光线的输出量。

多灯或联动闪光

对于今天的热靴闪光灯而言，一件最伟大的事情是它们可以组合或联动使用，产生与某些影室闪光灯一样明亮、但布光要灵活得多的照明。我们可以独立使用这种联动闪光方式，也可以使用多光源设置方式，就像在摄影棚内使用大型灯具那样（图10.3）。

联动起来的热靴闪光灯可以分别进行程序设置，通过遥控触发方式，既可以单独闪光，也可以共同闪光。一旦你花费时间学会了如何联动和控制多个闪光灯（这意味着需要阅读说明书），可能会诧异于当年没有它们的时候你是如何走过来的。

联动闪光灯还有另一个优势——特别是在你需要快速开展工作的情况下。它们的回电速度通常要远远快于单独的闪光灯，尤其是在降低输出功率的情况下。例如，对于某些型号的闪光灯，将两支闪光灯联动起来其回电速度几乎是单支闪光灯的两倍。在拍摄快速移动的题材如时尚、体育、婚礼或类似的动态对象时，回电速度的加快能够提供巨大的帮助。

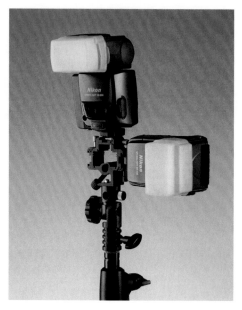

图10.3　联动闪光灯是用途多样且功率强大的光源，在使用遥控触发时尤为如此。

电池盒

对于充分挖掘闪光灯的性能而言，电池盒是另一种方便的工具——功率最强的电池可以获得最短的回电时间。电池盒的大小通常可以放入口袋，由4~8节标准AA电池供电。在电池电力耗尽之前，电池盒能够大大增加闪光灯的发光次数。此外，如果降低闪光灯的输出功率并使用更高的ISO加以补偿，它们还将显著减少闪光之后的回电时间。

与大多数照相机配件一样，我们强烈建议购买专门为闪光灯设计的专用电池盒。这种电池盒比"通用"型号更加昂贵，然而可以肯定的是，它们能够最大限度地配合闪光灯。这是一件绝对不会只发生在我们一个朋友身上的事件：他购买了一个功能强大的非专用电池盒，插进闪光灯，结果第一次拍摄时就彻底熄火了。

电池盒中安装的电池也会影响闪光灯的效率，电力更强大、更持久的电池不断出现。在写作本书的时候，我们在拍摄时更喜欢采用可反复充电的镍氢电池。然而，到本书正式出版的时候，一些令人难以置信的、性能更出色的新型电池很可能已经上市了。所以，让我们"拭目以待"吧。

闪光聚光镜

当闪光灯本身发出的光线不能满足拍摄需要时，闪光聚光镜能够发挥非常重要的作用。闪光聚光镜采用一片菲涅耳透镜聚焦光线，它将闪光灯发出的光线会聚成非常强烈的光束，能够照射远处的被摄体。体育、鸟类和其他野生动物摄影师常常利用这一附件。安装闪光聚光镜后，摄影师就有可能在暗弱的光线下、并且能够以比单独使用闪光灯更远的距离进行拍摄。

改善光源质量

前几节就使用热靴式闪光灯时如何获取充足的光线提出了一些建议。对于这种照明方式，另一个常见的挑战是如何改善光线质量。因此我们的讨论话题将从光线的亮度转到光线的质量上来，并且讨论我们应如何获取优质光源。

问题

热靴闪光灯（以及其他光源）发出的光线通常有三种基本缺陷，分别为：

- 光质过硬，
- 照明不均，
- 光位单一。

热靴闪光灯属于典型的小型光源，除非我们进行某种形式的柔光处理。正如你已经了解的，小型光源会产生边缘生硬的、通常缺乏魅力的硬质阴影。

当一支闪光灯不足以产生能够"覆盖"或照明整个外景场景的光线时，不均匀照明的问题就出现了。当摄影师被迫使用仅有的一支闪光灯拍摄时，这种情况经常发生。

单向或"扁平"的顺光照明，其原因在于闪光灯和相机靠得太近。通常，这种情况发生在将闪光灯安装在照相机机顶的热靴上。

然而幸运的是，有几种相对简单的技术有助于解决以上问题。我们将继续通过一种简单而有效的技术——使闪光灯远离照相机——探讨这一问题。

离机闪光

为了能够用热靴闪光灯拍摄出成功的照片，这是我发出的第一个告诫。不管何时（大多数情况下都是如此！）都应避免将闪光灯装在照相机热靴上拍摄，因为装在照相机上的闪光灯发出的硬质顺光往往无法产生令人满意的图像。

当然，在某些情况下将闪光灯装在照相机上可能是最好的选择，比如在拍摄突发新闻或在繁忙的城市中街拍时。然而，对于我们的大部分拍摄工作而言，这类图像绝对达不到我们想要的标准。因此，我们发出上面的告诫——"离机闪光"。

当使闪光灯离开照相机闪光时，我们可以随意安排其位置。我们获得了真正的方位自由。我们可以把闪光灯放在能够产生引人注目的用光效果的位置，拍出令人骄傲的作品。

许多年来，照相机和闪光灯制造商一直在努力使富于效率、功能齐全的离机闪光摄影成为现实。好消息是他们已经取得极大成功。在我看来，最实用的也是最佳的离机闪光方式是，将闪光灯用高质量的同步线或无线遥控引闪器与照相机连接起来。这两种连接方式的效果都非常不错，然而遗憾的是，这两种方式也都有它们的缺点。

先讲同步线。你会注意到在上一段中我将"高质量"用斜体标注出来。这么做是因为它们非常重要——真正的重要！

永远不要购买廉价的、低质量的同步线。那些遭遇过扭曲、拉伸、缠绕和拆封的同步线会让你的拍摄半途而废，而且这种状况会在复杂的拍摄任务中屡屡发生。所以还是认命吧，老老实实购买一根高质量的同步线，并且始终放在包里作为备用。

另一件可以肯定的事情是，你通过同步线将照相机和闪光灯连接到一起后，可以使用照相机的TTL（透过镜头测光）拍摄模式。正如我的许多朋友那样，不管何时我都喜欢在手动模式下拍摄，但是当情况变得紧急时，充分运用照相机和闪光灯的所有自动功能可以令你转危为安。所以不要心存侥幸，应认真检查同步线，用它将照相机和闪光灯连接起来，确保它们能够正常工作。

至于无线引闪器，对我而言有两个最佳形容词——"难以置信"和"如果"。它们是难以置信的——如果你需要它们，如果你不介意多花一些钱，并且如果你不介意花上几小时埋头于令人绝望的说明书中。

时至今日，市场上有许多种不同的无线引闪器。有的相当便宜，因而功能有限，然而这种小装置已经能够提供所需的遥控引闪功能。在价格范围的另一端，有几种高端品牌的引闪器，它们不仅能够触发照相机，而且可以遥控调节闪光灯。显然，这是极为有用的功能。但是要想获得它的支持，你将不得不支付大量现金并且花费许多时间来掌握这种新设备。

通过反射闪光软化光质

便携式闪光灯就本质而言，属于小型光源，我们之前已经讲过，小型光源有一个缺点。除非光线经过某种形式的柔化，否则小型光源将产生边缘生硬、通常也是喧宾夺主的、毫无美感的阴影。然而，有几种非常有效的方法能够解决闪光灯的这一问题。

如图10.4所示，一种行之有效的方法是将闪光灯发出的光线从天花板或墙壁"反射"出去，反射光（而不是闪光本身）便成为非常有效的光源。由于天花板或墙壁像一个面积更大的光源，所以照片上的阴影就会显得更为柔和且不那么引人注目了。对许多经验丰富的摄影师而言，反射闪光——尤其是从天花板上反射闪光——是一种经常使用的用光技术。原因很简单：反射闪光是一种操作方便、一般情况下效果确实不错的用光策略。它通常能够柔化出非常漂亮的光线。

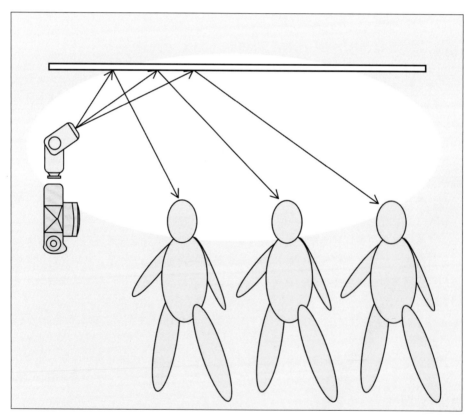

图10.4　通过天花板或墙壁反射闪光能够大大增加光源的有效面积，使阴影变得非常柔和并且照明也更加均匀。

然而，我提请大家注意最后一句话中的"通常"这个词。因为反射闪光确定无疑是一种"通常"的而不是"始终"的工具，它只有在以下情况下才能取得更好的效果：

- 在室内拍摄且房间有天花板，
- 天花板不能太高，
- 天花板不能是黑色的木头，也没有涂上一些令人生厌的、有可能反射回被摄体的色彩。

价廉物美的全反射柔光罩

正如前面所提到的，有几种能够改善热靴闪光灯光质的附件。图10.5是一个经常用到的附件。这个附件价格便宜、体积小巧、便于携带，它就是可以套在闪光灯灯头上的全反射闪光柔光罩。

全反射柔光罩能够生成充满整个房间的柔和的环绕光，这种光线所产生的是软质阴影。柔光罩使用得当的话，能获得非常出色的效果。

全反射柔光罩的用法很简单。你只要把它卡到闪光灯灯头上，并使灯头朝上呈75°角照向天花板即可。此外，如果你想稍稍提升其表现效果，可以在柔光罩上加用彩色滤光片。

使用全反射柔光罩——一般而言为反射光——通常会令你的照片更加好看，但它确实也有一些缺点。首先，如果在室外使用柔光罩，几乎不会产生任何效果。很显然，这是因为在室外很少有（如果有的话）可以反射闪光的合适表面。

其次，效率问题。所有的柔光设备，不管属于哪一种，都会吸收部分光线。此外，当闪光灯发出的光线从某个物体表面反射至被摄体时，其行程必然变得更远。不过，幸运的是我们发现这个问题算不上有多严重。在大多数情况下，我们发现补偿2挡或3挡曝光便能获得令人满意的结果。然而，为了安全，在使用任何类型的柔光设备之前，都应该进行一定的试拍。

"熊猫眼"

然后还有"熊猫眼"！如果你用来反射闪光的天花板特别高，或者被摄对象过于靠近照相机，或者没有在闪光灯上面安装全反射柔光罩或其他柔光附件，那么反射光可能会在被摄对象的眼窝处留下醒目的深暗色阴影（图10.6）。

许多摄影师通过使用小型反光板将这一缺陷降至最低，如图10.7所示。它们有助于防止在被摄对象的眼窝处形成过于黑暗且边缘生硬的阴影。

我们通常会用橡皮筋或电工胶带将反光板固定在闪光灯上。此外，一些新型的热靴闪光灯带有内置式反光板。这是极为有用的功能，因为当你想用反光板的时候，它们总是在随时待命。

反光板将部分闪光直接反射到被摄对象的面部，其余光线则通过天花板反射下来。这两种光线的组合能够拍出照明更加均匀的照片。图10.8显示了使用反光板之后所发生的变化。

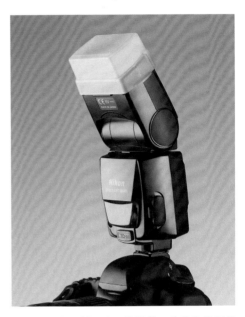

图10.5　全反射柔光罩的携带、安装和使用都十分便捷，加之经久耐用，它们已经成为许多摄影老手的喜爱之物。

图10.6　没有使用反射补光板的情况下，从天花板反射下来的闪光会在面部形成难看的阴影。

图10.7　一块安装在闪光灯上的小型反射补光板，它有助于减少因天花板的反射光而导致的面部阴影。

图10.8　看看反光板是如何减轻被摄对象的面部阴影，使其不那么令人讨厌的。

最后需要注意的是：如果你发现自己不得不用闪光灯拍摄，然而手头却没有反光板——请不要绝望，有一个简单、但能够完全令人满意的解决办法。你只需将你的手放在反光板的位置，便可以直接反射部分闪光到被摄对象了。你会惊异于这种简单的方法竟然能获得非常不错的结果。

羽化光线

"羽化"光线——这一术语的意思是指让光源的部分光束照亮前景，其余光线照亮背景或环境。图10.9显示了一种常用的羽化光线的设置方法。

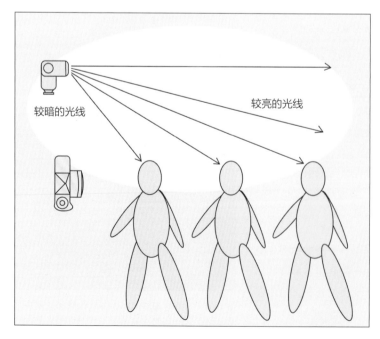

较暗的光线

较亮的光线

图10.9　羽化闪光灯光线。这项技术能否成功运用相当程度上取决于闪光灯的反光罩结构，有的能够很好地运用，有的却不能。

　　然而，在我们继续下文之前，应该提醒一句。羽化效果的好坏或者是否能够羽化，很大程度上取决于闪光灯的灯头结构。例如，有些重型便携式闪光灯采用大口径的圆形反光罩，这种结构通常会向四周而不仅仅是被摄体散射大量光线，因此其羽化效果总是非常出色。

　　另一方面，热靴闪光灯的小型灯管周围被高效的聚焦式反光罩围绕着，这使得绝大部分光线都直接照向被摄体，几乎没有光线浪费在其他方向。这种类型的闪光灯不适合用来羽化光线。

　　好在我们今天有许多可用于热靴闪光灯的用光附件。在使用这些用光附件时，其中有些能够彻底改变闪光灯的光线照射方式。

　　所有这一切意味着，判断自己的闪光灯能否进行羽化的唯一方法就是，不断用手头的各种不同的闪光灯附件进行尝试，看看使用附件与不使用附件的效果有何不同。凭借一点好运，你也许会发现一种用来羽化闪光的方法，不管使用哪一种附件。记住先前的提醒，现在让我们来看看羽化光源中到底包含了什么。

　　请回头看图10.9，注意最强烈的光线是从闪光灯头的中心发出的。如果把闪光灯调到适当的角度，中心光线会照到场景的后方。

　　反光罩边缘溢出的光线非常暗淡，它们被用来照亮靠近照相机的被摄体。稍加练习，很容易就能掌握如何通过调整闪光灯角度来实现所期望的羽化效果。

消灭阴影

　　从图10.9中我们发现还存在着另一个问题。你会注意到图中的闪光灯被尽可能地抬高了，这样做的目的是为了尽量使被摄体投射的阴影不至于太引人注目。闪光灯的位置越高，投射的阴影就越低。因此，如果被摄对象靠墙很近，闪光灯就应该举高一些，这样阴影就会落到照相机看不到的地方。

　　我们将闪光灯放在两个不同位置拍摄了图10.10与图10.11。图10.10中，闪光灯的位置较低，大约与照相机齐平，且偏离中心位置。请注意，这种用光在墙上产生了十分明显的分散注意力的阴影。

　　再来看图10.11。我们将闪光灯放在中间且高于照相机的位置拍摄了这张照片，注意看这一位置是如何使阴影消失的。

图10.10　闪光灯高度过低导致小女孩身后的墙上出现了分散注意力的阴影。

图10.11　闪光灯的位置较高，前一张照片中的阴影消失不见了。

不同色彩的光源

在摄影棚中摄影师会小心地控制光源的色温，所有光源通常都必须具有相同的色彩平衡。加入蒙有彩色滤光片的光源或其他类型的光源都是摄影师有意为之，目的是为了改变光源的色彩，而不是一时兴起或意外所致。

外景摄影中摄影师可能无法做到细致地控制光源色温，而场景中的现场光往往不符合任何标准的摄影色彩平衡的要求。此外，现场光通常是无法去除的。

即使在室内拍摄，可以关掉所有现场光源，但为了获得照亮大片区域的足够光线可能还是不得不打开光源。不管什么原因，如果摄影师无法预见可能出现的问题并采取相应措施，这种不标准的色彩会带来无法预知的后果。

光源的色彩为什么重要

用不同色彩的光源拍摄彩色照片可能会导致严重的后果。当我们观察拍摄场景时，大脑会自动补偿光源色彩的极端差异，并将大多数场景解读为处于"白色"光源的照射之下。当然，也存在例外情况。

例如，如果在黄昏旅行，你的视觉已经适应了昏暗的日光，你可能会看到远处房屋的灯光为橙色的，这是灯光的本来色彩。但是如果你停在屋前，接着走进室内，大脑会立刻进行调整，看到的灯光又变成白色的了。为了弄明白其中的原因，我们先来看看两种标准的光色——钨丝灯和日光。

钨丝灯光

该术语用于由钨丝灯泡照亮的场景。钨丝灯的光线通常偏橙色。当照相机的白平衡设置为钨丝灯时，它的"大脑"会抵消这种橙色的偏色。此时在钨丝灯光源下拍摄，所摄照片的色彩会接近自然色。但是如果我们使用钨丝灯白平衡拍摄日光照明的场景，照片将会出现偏色现象。照片看上去不再是"标准"的色彩了，整个画面会明显偏蓝色。

准确地说，家用钨丝灯绝对不可能产生与摄影用标准钨丝灯一样的光色。新买的家用钨丝灯更偏向琥珀色，并且会随着灯泡的老化渐渐偏橙色。（摄影师与舞台制片人使用的石英卤素灯确实具有精确的钨丝灯光色，并且在灯泡的整个寿命期能够一直保持色彩的稳定。）

日光

在由日光照亮的场景中，将照相机设为日光白平衡模式能够获得标准的色彩。显而易见，太阳光在不同的气候条件、不同的地点和不同的时间段，其色彩都是不同的。（最初的"标准日光"是指一年中的特定日期、某一天中的特定时间、英国某地晴空万里时的太阳光。）

这种光线具有丰富的蓝色，这也是为何晴天的天空总是呈现为蓝色。日光色彩平衡模式会补偿这种蓝色，在正午的阳光下或使用闪光灯时给予最精确的色彩还原。可以想象，如果打算在钨丝灯光源下使用日光白平衡模式拍摄，照片将偏向橙色。

非标准光源

摄影师将日光与两种色彩略有差别的钨丝灯光作为标准光源，所有其他光源对我们而言都是非标准的。遗憾的是，"非标准的"并不等于"不寻常的"或"罕见的"，非标准光源其实相当常见。我们将使用部分非标准光源作为案例。这里虽不能完全列出所有的非标准光源，但它们显示出的危险足以令你对外景拍摄任务中的潜在问题保持警觉。

特别是在很多现代办公环境中，频繁出现的混合光照明可能会引发严重问题。现今的数码照相机能够校正几乎所有非标准光源的色彩，而且它们还能够校正所有均匀混合的光源色彩。困难来自不均匀的混合光源——部分场景被某种光源照亮，而其他区域却被不同色彩的光源照亮。

这种情况过于复杂，照相机无法处理此类问题。我们必须比照相机考虑得更多，来解决这些问题。为了达到这一目的，我们必须熟悉这些非标准光源。因此，我们将列出一些最常见的非标准光源。

荧光灯是摄影师最常遇见的非标准光源。荧光灯的光线是摄影师面对的一个特殊难题。它不仅是一种非标准光源，还具有多种不同色彩。荧光灯管的使用程度也会影响它的色彩。

不仅如此，荧光灯坏了之后，人们通常会更换成其他类型的新灯管。若干年后，一个大房间里可能会有好几种不同类型的荧光灯。不幸的是，针对某一特定类型荧光灯设置的最佳白平衡对于其他荧光灯而言，效果可能会相当糟糕。

一般而言，荧光灯的光线通常偏绿色到黄色。不过在有些情况下，它们是日光型的。当照相机设置为钨丝灯或日光白平衡时，荧光灯多样的色彩变化会产生某些令人极为不快的非标准色彩。尤其是在拍摄人像时，在未经校正的荧光灯光线下拍摄，通常会显得非常难看。

非标准的钨丝灯比两种标准色温的摄影钨丝灯更为常见。普通钨丝灯比摄影钨丝灯明显更偏橙色，而且随着灯泡寿命的衰减，这种偏色越发明显。当色彩的准确还原至关重要时，对这种色彩的差异不可掉以轻心。

非标准的日光对大多数人而言都已习以为常。众所周知，阳光在黎明和黄昏时是偏暖色的。使大多数人感到惊讶的是即使是晴天的正午，日光的光色也有可能非常不标准。

当我们使用"日光"这一术语时，所指的是直射阳光与周围天空光的混合光。

造成非标准日光的另一个常见原因是树叶。接受不到直射阳光的被摄体仍会被广阔的天空照亮。这一问题是由绿叶过滤的光线以及被摄体反射的日光共同导致的。在某些极端情况下，日光下拍摄的照片看上去更像是在荧光灯下拍摄的。

再一次强调，在许多情况下色彩偏差可能并不那么重要。但是除此之外，我们必须考虑每个场景中获得精确色彩的重要程度，进而决定是否需要对色彩进行校正。

发光二极管或LED灯，对日常生活而言是相对较新的光源。当我们写作本书时，LED灯在家庭照明和商业照明领域越来越受欢迎。遗憾的是，对于那些必须在现场的LED灯光下拍摄照片的摄影师而言，有些LED灯的色温差别相当大。至少在目前，这意味着试拍是唯一可靠的路径。

拍摄测试图片，如果它们看起来过于偏暖色或橙色，可尝试在LED灯前蒙上一块蓝色滤光片。如果相反，照片看上去过于偏冷色或蓝色，可尝试蒙一块橙色滤光片。这种方法看似简单，但大多时候可以获得一幅不错的照片。

在撰写本文时有几家公司正在生产可调节色温的LED灯板，但我们尚未看到完全令人满意的产品。不过我们认为这是一个必然会赢的赌局，在不久的将来，可以精确调节色彩的LED灯板将得到广泛应用。

混合光源与非混合光源

在不同色彩的光源下拍摄时，我们会遇到两种基本情况。第一种情况我们称之为混合色彩光源；第二种称之为非混合色彩光源。你很快就会看到，混合色彩光源和非混合色彩光源提出了不同的技术挑战，必须以不同的方式加以解决。

"混合光源"顾名思义，它是由不同色彩的光源混合或融合而成的，其色彩平衡特性不同于任何一种单一光源。

图10.12显示了不同光源是如何混合的。荧光灯提供了现场光照明。

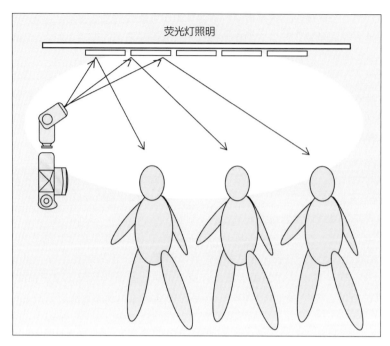

图10.12　闪光灯和荧光灯的混合用光产生了较为均匀的照明。

　　闪光灯的光线从天花板反射下来。反射下来的光线和荧光灯共同照亮拍摄场景，闪光灯发出的光线与荧光灯发出的光线相混合，使整个场景受到相当均匀的、不同色彩平衡的光线照明，而这是单独使用闪光灯或荧光灯做不到的。

　　非混合色彩光源的用光如图10.13所示。场景不变，但是现在闪光灯光线直接照向被摄体而不是天花板。这是一个常见的案例，即场景同时被两种不同的光源分别照亮。

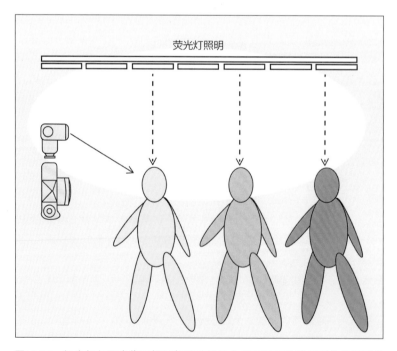

图10.13　闪光灯如图中位置摆放将导致场景中的不同部分被色彩全然不同的光源所照明。在彩色摄影中这将引发某些问题。

　　注意示意图中大部分场景由头顶的荧光灯照明，但前景的被摄对象及四周是由闪光灯照亮的。结果就是照片中出现了两个色彩明显不同的区域。

　　前景的被摄对象及其周围被电子闪光灯发出的相对偏蓝色的"日光"所照亮，其余场景则获得了来自头顶的黄/绿色荧光灯光线。而问题在于照相机只能够平衡一种光源的色彩，不管是哪一种光源。

　　有时候非混合光源会不期而遇。图10.14中，被摄体后方的墙距离闪光灯并不比被摄对象远多少。我们可能会一相情愿地认为在照片中闪光灯光线会与环境光线很好地融合到一起。

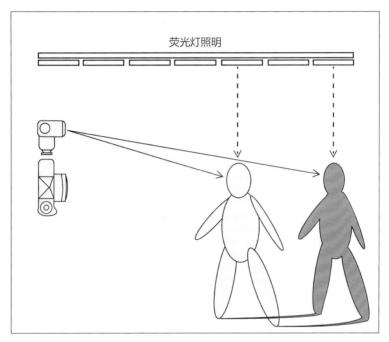

图10.14　因为荧光灯照亮了闪光灯在墙上投下的阴影，在彩色照片中阴影看上去会偏黄绿色。

　　但是请注意，闪光灯和荧光灯的光线来自不同方向。闪光灯会在墙上投下阴影，但是荧光灯却能照亮阴影并使之呈现令人讨厌的黄/绿色。

校正偏色

　　我们已经讨论过，混合光源和非混合光源的用光情形较为常见，因此学会如何对付它们至关重要。我们用来校正这两者的方法稍有不同。

校正混合光源

　　混合光源的校正相对容易一些，因为混合光源造成的不当用光在整个场景中是统一的。换句话说，整个场景是由具有相同色彩平衡的光线照亮的。整幅照片的色彩平衡出了问题，但是场景中的所有部分都毫无例外是同样的问题。

　　拍摄中的校正。这种一致的偏色使校色问题变得非常简单，可通过照相机进行色彩校正。如果这种方法不行，可在闪光灯前加用色彩校正滤光片，使照片略带一点暖色调或冷色调也是一种校正方法。最终会获得一幅色彩平衡正确的照片，场景中的色彩会得到标准或真实的色彩还原。

　　拍摄后的校正。因为混合光源所导致的色彩平衡问题在画面中是统一的，在后期处理时进行各种色彩调整就变得相对简单一些。如果你在拍摄时没有进行适当的色彩校正，后期调整会提供一个有用的安全界限。

后期调整的色彩平衡可能不如开始拍摄时就进行调整的效果好。但如果不把它们放到一起进行比较的话，即使经验丰富的观者也难以辨别两者的区别。

然而有一点是需要注意的。应留意那些包含光源或者有镜面反射光源的场景，不论光源色彩如何，这些极度明亮的区域在照片中会被记录为白色的高光。这些高光区域可能呈现的色彩可以用来校正场景中其他区域的偏色。

你可以解决这一问题，但应该知道它需要的不只是一些简单的色彩调整，这些调整大多数人都知道如何用图像处理软件来完成。此外，在本书中讨论色彩调整的话题也与摄影用光的主旨相去甚远。

更糟的是，只有最高级的胶印系统才具备专门的印前部门处理色彩调整事宜。为了确保色彩正常，最好是在拍摄时进行色彩调整或者重新安排构图，使照片不会出现令人头疼的高光。

校正非混合光源

白平衡调整无法校正非混合光源导致的偏色，因为适用于一个区域的色彩校正并不适用于另一区域。试图在两者之间进行折中只适用于空无一物的场景。

当然，你可以在图像处理软件中尝试校正局部画面的色彩平衡——这里加点蓝色，那里加点黄色——不过这相当无聊，最好不要这样干。

处理非混合色彩光源的最佳途径就是为光源加彩色滤光片，使光源色彩尽可能接近从而相互匹配。加彩色滤光片的目的是为了使所有光源变成同一色彩——但不必是准确的色彩。然后可由照相机来调整整个场景的偏色。

因此，如果遭遇图10.13或图10.14中的情况，我们可以在闪光灯前蒙上浅绿色的色彩校正滤光片以大致匹配现场的荧光灯光源。（今天市场上许多用于闪光灯的色彩校正滤光片套件中都包含有这种色彩的滤光片。）

这种滤光片可为闪光灯加入足够的绿色，能够获得大致匹配许多家用荧光灯的光色。如此一来，整个场景就由大致相同的光线所照明。照相机能够获得近似准确的色彩还原，从而尽可能地减少后期的色彩调整工作。

更令人轻松的是，我们可以对照片的色彩进行整体调整，而无需对照片中的个别景物单独进行润饰。

滤光片是我们建议的解决方案，大多数情况下非常有用，但并非总是奏效。特定的滤光效果会随场景的变化而变化。比如之前的这个案例，到底应该使用何种滤光片？真正令人满意的唯一方法就是尝试，在不停地试错中找到正确的路径。

过滤日光

记住窗户也是一种光源，它们也可以像其他光源一样进行过滤。电影摄影师和摄像师就经常使用这种方法，但图片摄影师通常会忽视这种可能性。

思考如何拍摄这样一个场景：在一个由钨丝摄影灯照亮的房间内，日光从窗户或打开的房门透射进来。一个快速地解决办法就是在钨丝摄影灯前蒙上一张蓝色滤光片，使之与日光相匹配，然后将照相机设置为日光白平衡进行拍摄。然而人工光源往往要比太阳光弱一些，所以我们通常不会考虑会使光源变暗的方法，更不用说还有一些光线会被滤光片吸收了。

更理想的办法是在窗户外侧蒙上一层橙色的舞台滤光片，然后将照相机设置为钨丝灯白平衡进行拍摄。这种方法可以得到相同的光色平衡，但更好地平衡了两种光源的亮度。

后期校正

对于非混合光源，后期校正是最糟糕的处理方法，只能将它作为最后的备选方案。单独的色彩校正不可能适用于整个场景。当你学会使用图像处理软件时，局部校正会变得很有趣，不过这样会耗费更多的时间和金钱。

不同时长的光源

摄影师经常将摄影专用光源与现有光源混合使用，这样就可以让其中一个作为主光源而另一个作为辅助光源。如果两个光源均为持续发光光源，那测量两者的相对亮度比较容易。例如这两种光源分别是日光和钨丝灯，便可以很容易地测出它们的亮度。

然而，如果摄影光源为闪光灯而不是钨丝灯，比较它与阳光的亮度就变得比较困难了。太阳光是一直"开"着的，但闪光灯的发光时间只有数分之一秒。我们无法看到它们之间的亮度关系。

图10.15所示为常见的户外拍摄情形，此时闪光灯大有用武之地。当我们按想法安排好模特的位置时，她正处于逆光位置。因此，正常曝光的结果是照片显得过于黑暗了。

在这种情况下我们有两种校正方法。一种是充分增加曝光，这种曝光校正法可以提亮被摄对象，但同时透过树叶的日光也会导致严重的眩光。另一种方法就是用闪光灯对阴影区域进行补光，用光效果如图10.16所示。

图10.15　由于构图需要，模特处于逆光位置。然而当正常曝光时，这种情形下出来的照片却显得过于黑暗了。　图10.16　辅助闪光使被摄对象和背景都得到了合适的曝光。

填充式闪光确实使我们获得了理想的结果，背景和被摄对象的曝光都非常合适。既然在这种情况下使用辅助闪光灯确实是个好主意，接下来的问题就是如何计算合适的曝光量。

我们如何计算场景中的环境光与闪光灯的输出光量以获得合适的曝光呢？回答这一问题必须记住以下两点：

- 在这种情况下，闪光灯的曝光几乎完全由光圈决定。因为闪光时间极为短暂而不会受到快门速度的很大影响。
- 另一方面，环境光线的曝光则几乎总是由快门速度决定。

实际上，这意味着如果你正在拍摄一个政治领导人在遭到欺诈指控后匆匆冲向他的豪华汽车，你肯定会让照相机来决定这一场景中闪光灯与环境光之间的平衡。

另一方面，如果你正在为一家大型杂志封面拍摄房间内景图片，则需要小心谨慎地平衡环境光与人造光。具体操作时，你会降低快门速度以获得更多环境光，反之，也可提升快门速度以减少环境光曝光。

如果改变快门速度会使照片显得过亮或过暗，可以进一步调整光圈进行补偿，以获得你想要的平衡。

其他处理方法

另一种处理逆光——在这个案例中为日光——的方法是使用各种类型的反光板。便携式反光板随处可见，色彩有白色、银色、金色几种。图10.17显示了拍摄肖像时我们是如何将反光板设置为主光源的，图10.18为这种设置的最终结果。为了拍摄这张照片，我们使用了一块银色的反光板，而日光则既是背后照明光又是发型光。

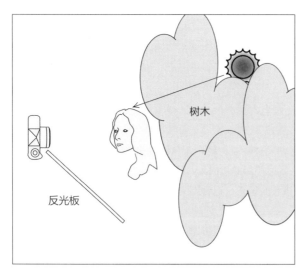

图10.17　这张示意图显示使用反光板的方法。

图10.18　一块银色反光板位于模特的前下方，为模特提供了照亮逆光面部所需的光线。

　　正如我们之前所说的，户外拍摄有其困难之处。起码我们要能够找到用来拍摄的"正确"光源。在阳光明媚的日子里，这种需求尤为突出。使被摄对象直接处于阳光下通常会产生令人厌恶的硬质阴影。这种刺眼的非漫射光已经成为毁坏许多户外人像和其他照片的罪魁祸首。

　　所幸有一个办法可以解决这个问题。所谓"敞开式阴影"，这项技术的基本原理就是让被摄对象处于树木、建筑或墙壁的阴影中，然后用反光板将周围环境中的光线反射到他们身上。我们运用这一技术拍摄了图10.19和图10.20。

图10.19　附近建筑物的阴影和反射的环境光为这张街头肖像照片提供了所需的柔和的漫射光。

图10.20　与图10.19相似，但这次我们用树阴遮挡住照向模特的直射阳光。

　　附近一幢建筑物的阴影，提供了我拍摄这张古巴街头男孩所需的光线。灿烂的热带阳光避开了小男孩，却尽情地照射着人行道周围的大部分区域。环境中的反射光为柔和的漫射光，它作为"填充"光为这幅街头肖像提供了照明。

　　我们用同样的柔和漫射光为模特Jade拍摄了这幅柔光肖像照。这一次恰好有一棵树挡住了照向她的直射阳光，照亮她的是周围明亮的环境反射光。

作为积极因素的不平衡光色

　　到目前为止，我们一直将不平衡的光色看作一个难题。它们常常令人困扰，然而并不总是如此！正如图10.21和图10.22所显示的那样，有时不平衡的光色反而能成就一张照片而不是毁灭它。

　　换句话说，有时运用不平衡的光色能赋予照片额外的意境，使其变得引人注目起来。图10.21就是一个例子。它独特的视觉感受主要来自这一事实，即我们在拍摄时使用了色彩不平衡的光线。

图10.21　为了获得"黑色电影"的视觉效果，我们利用拍摄现场的混合色光作为光源。在后期制作时，我们又对图像进行精心处理，直到取得令人满意的结果。

　　我们在城市街道拐角处拍摄我们的朋友Mark，这里的光线是包含了大量不同色彩的混合光源。这种混合光照明的结果是，Mark的皮肤色彩看上去就像你在古老的"B级"恐怖片里才会看到的那样。

　　显然，这并不是那种可以用作《体育画报泳装专辑》封面照片的风格。话虽这么说，然而这正是我们为Mark的肖像所选择的用来产生粗犷的、棱角分明的"黑色电影"风格的用光。

　　现在来看图10.22，我们看到了一个更为复杂的、使用混合色光照明的"正面"案例。照片表现了我的朋友Mike在录音棚的情景。为了拍摄这幅环境肖像，我们在录音棚内使用了三盏灯具外加附带的环境光。

图10.22　我们将三支便携式闪光灯与录音棚内的环境光结合运用拍摄了这张照片。

主光源是一个小而明亮的柔光箱，我将它放在Mike前面约1米远的地方。接着，我将一个装有蜂巢板的聚光灯放到照相机右侧。最后，我把背景灯（同样装有蜂巢板）放在Mike身后，用来在他身后产生明亮的光点。

准备拍摄时，我手持照相机。因为闪光灯是在我按下相机快门的瞬间闪光的，而Mike靠近主光源（也是最强烈的光源）——所以他的影像比较清晰。这正是我想要的效果。然而，照片是暗色调的，并且背景像我希望的那样稍显模糊，出现这种效果是因为：

- 照相机快门在我设置的整个1/4秒曝光时间中保持打开状态，
- 我的手有点抖（这是我想要的），
- 录音棚里的环境光相当明亮。

其他装备

正如我们之前所提及的，外景摄影充满了挑战，至少在你决定选择何种装备时是这样的。显然，对这个看似简单的问题并没有什么"标准答案"。对于打算花费两周时间到北极地区抓拍北极熊（事实上我确实这么干过）的短途旅行而言，"必备"器材清单的选择要比仅花费一天时间去拍摄狂欢节或海滩上的人们困难得多。

然而——一次外景拍摄可能具有挑战性，而另一次拍摄却变得比较简单——有一些基本的用光注意事项正日渐成为常识。因此，某些类型的装备，如柔光板、滤光镜（片）、反光板以及灯架等，已经被证明在任何外景拍摄中都是不可或缺的。

例如，在拍摄办公室和工厂之类的"内景"时，我们经常会用到许多与在摄影棚内拍摄时相同的装备。除此之外，我们还经常随身携带以下装备：

- 备用电源、电线以及用于电脑和灯具的同步线；
- 另外的无线控制系统；
- 覆盖在窗户上用来改变现场光色彩的滤光片；
- 用于各种装备的备用电池；
- 用来将支撑物体夹住当做门或桌面的夹子；
- 电工胶带；
- 装照片和电脑的大型旅行箱；
- 高质量的重型延长线；
- 基本工具套件；
- "警告"带之类的安全标志和延长线保护罩；
- 小急救包；
- 小型阶梯；
- 折叠搬运车。

在外景地工作的时候，事情可能会（通常确实会）变得更加复杂。除了上面列出的物品，你可能还需要这些装备：

- 安装在手机或笔记本电脑上的天气软件；
- 电话，如果需要的话还可配备卫星电话；
- "户外"使用的滤光镜，如偏振镜、中灰镜和彩色滤镜；
- 能支撑栅栏柱、树枝、电线杆、标牌等"户外"物体的夹子；
- 手电筒；
- 结实的线或绳子；
- "莱泽曼"工具或其他组合工具和组合刀具；
- 坚固的急救包；
- 驱虫剂和防晒液；
- 预防恶劣天气的装备，使你处于适当的气候环境中；
- 塑料垃圾袋和用来保护各种装备的防水布；
- 折叠椅；
- 太阳伞；
- 帐篷或其他遮挡物，如果外景地的条件允许的话；
- 水和快餐，温的还是凉的取决于条件；
- 冷却器（和用于冷却的冰块）；
- 带锁的高质量包装/装运箱；
- 舒适的、高质量的鞋子。

11

第11章　建立第一个摄影棚

　　祝贺你来到《美国摄影用光教程》（第5版）的最后一章，这说明你凭借着孜孜以求的学习精神，已经刻苦钻研了大量关于光线特性和用光表现方面的知识。我们真诚地希望这些知识能够帮助你获取理想的照片，并且同样重要的是，能够享受拍摄的乐趣。

　　现在，我们来看看本章的关键内容。它与以前各章有所不同，有关光线的科学知识、光线的特性不是本章的重点。相反，本章更注重一些实践问题。具体而言，它涵盖了有关如何建立第一个基本的、然而功能齐全的摄影棚的关键内容。

　　当然，建立摄影棚的方式有很多种。根据你的兴趣和钱包的厚薄，摄影棚可以建成初具功能的小型影棚，也可以建成设施先进的大型影棚。既是为了讲授得清晰明白，也是考虑到你的财务状况，我们撰写这一章以介绍较基本的摄影棚配置。也就是说，我们的建议面向中等规模的摄影棚，这种摄影棚能够满足小到中等大小的产品、静物以及四分之三人像的拍摄。

图11.1　这是一个规模不大然而设备齐全的家庭摄影棚，它足以应对从最小到中等大小物体的拍摄任务。

灯具：首要问题

应该购买什么类型的摄影灯？当你开始考虑建立自己的摄影棚时，这是你问自己的第一个问题。当然，你的回答很大程度上取决于你想从事的摄影类型。

我们不妨以玛丽琳（Marilyn）——我几年前遇到的一位富于魅力且极具才华的摄影师为例。她醉心于拍摄五彩缤纷的水果和蔬菜的静物照片。她仅仅用几个经过精心安排的西红柿、草莓或其他沙拉原料就组成了华丽的图像，我完全被她的作品震惊了。

同样令人惊叹的是她创作这些杰作的摄影棚是多么简单。玛丽琳在一个面积不大的厨房储藏室的台子上开始她的创作。她的所有用光"设置"不过是一扇朝阳的窗户和一对老式的鹅颈台灯。

她的用光附件包括几块反光板、用泡沫板做成的挡光板、两块用旧浴帘做成的柔光罩以及一小套彩色滤光片。这些附件固定在她用衣架、木销、胶带、橡皮筋、长尾铁夹等拼凑起来的"架子"上，并被安放在灯具前。

无论如何也想象不出这种设置可以被称为"专业的"摄影棚。然而，事实就是这样，它确定无疑就是专业的。这是一个天才摄影师使用最少的装备，一次次拍摄出真正精彩的照片的摄影棚。我讲这个故事的目的是为了表明一个简单却重要的观点。规划摄影棚的最佳办法就是像玛丽琳那样，问自己这样一个简单问题："我想拍什么类型的照片？"

按玛丽琳的解释，她确实是幸运的。幸运的是她在职业生涯之初就确定了将要从事的摄影方向。当她还是一名艺术专业学生时，就已经受到那些大师们创作的静物画的熏陶。而且正如她所说，她被这些作品"震惊"了。从那时起她就知道自己想要创作的影像类型了。

你呢？你想在摄影棚拍摄什么样的照片？例如，你最感兴趣的是开展人像摄影业务吗？或者你是否对产品、艺术、科学或其他一些摄影门类更感兴趣？

一旦你对这些问题或类似问题有了大致答案，对于规划自己的摄影棚你已经迈出了重要一步。只要你决定了想要从何种类型的照片入手，就可以开列所需要的装备了。在着手进行这一工作时，有关器材装备你首先考虑的恐怕就是灯具了。你应该拥有哪些灯具？这将是我们讨论的下一个话题。

购置合适的影室灯

我应该购置什么样的灯具？我需要多少支影室灯？这些都是我们从那些打算建立自己的摄影棚的学生和其他初学者那里最常听到的问题。让我们来面对这一问题吧，对他们而言我们的回答并不是无关紧要的。

高质量的灯具虽然价格较贵，但如果从一开始你就拥有从事某一类型摄影所需的合适光源，你的摄影棚拍摄生涯将迎来一个良好的开端。

购置何种灯具

正如我们前几章所提到的，有若干种不同类型的摄影灯具可供选择。虽然说"光线就是光线"，但不同摄影师的用光方式通常是各不相同的。在各种摄影光源中，一种灯具发出的是连续的、"持续发光"的光束；另一种属于瞬间发光的闪光。从小型的热靴式闪光灯到功率强大的影楼闪光灯，我们通常按外形和功率给闪光灯分类。我们常用的连续发光型光源包括荧光灯和LED光源。

无论是连续光源还是闪光灯，都有从价格适中到非常昂贵的各种类型。在本章中，我们着重介绍价格适中的中端类型灯具。不过，如果成本对你不是问题的话，我们建议你不妨考虑为摄影棚装配更高端的闪光灯。与那些价格适中的闪光灯相比，它们能够提供更强的光线。

闪光灯

今天，大多数热靴闪光灯的功率都很强大，能够胜任许多摄影棚拍摄任务，特别是将几支闪光灯组合到一起"联动"闪光时。此外,我们在上一章已经讲到,有各种各样可供闪光灯使用的用光附件。然而,其不利之处在于高品质热靴闪光灯价格昂贵。此外,它们不具备造型光——而这是一项非常有用的功能。

由于这些原因——除非你计划开展更多的外景拍摄工作——我们建议你稍稍多花一点钱购置中等价格范围的摄影室闪光灯。如果你打算拍摄相对较大的被摄对象,比如全身人像或家具、电器之类的大型物品,尤其应该如此。这种闪光灯产生的光线足以满足这类对象的拍摄要求。

目前市场上若干品牌的闪光灯都有价廉物美的型号。所谓"外拍灯",它外形紧凑,重量较轻,易于安装和使用。每一个外拍灯都可以直接插入墙壁上的标准插座,都有一块电池、闪光灯管、造型灯和内置于灯头的控制开头(图11.2)。并且与热靴闪光灯相同,外拍灯也可以通过无线引闪器进行遥控,有的型号甚至内置有无线收发器。

图11.2　对于许多摄影棚而言,外拍灯是价格合理、功能极强的照明选择。图中外拍灯的反光罩被取下了。

跟购置其他摄影器材一样,我们建议你在决定购买前要对打算入手的灯具加以研究。在我们讨论这一话题时,我们不得不强调网络在购买摄影器材时的重要作用。用户评论、厂商报告、技术信息以及更多的内容都可以在网络上获得,所有内容都可以帮助我们这些摄影师做出明智的决策。同样重要的是,网络上也有丰富的"教程",这些教程介绍了范围广泛的各种灯具以及各种用光附件的不同用法。

连续光源

如果你打算拍摄视频,或者只是更喜欢使用连续光源,我们建议选择荧光灯或LED灯。因为作为一种小型陈列式光源,LED灯板价格相当昂贵,我们建议除非你能够承受小型LED灯板的价格,否则还是选择荧光灯光源。市场上有几种类型的荧光灯,价格从中等到昂贵不等。再说一次,花一点时间搜索网络信息,大大有助于你购买到既满足需要又符合预算的灯具。

需要多少灯具

一旦你确定了购买某种类型的灯具,你的关注重心将从质量转移到数量上来。回顾我们自己的经验,我们建议你至少应该购置两支影室灯。如果你的钱包能承受更大压力的话，最好三支。

毋庸置疑，你可以只用一支摄影灯就能创作出伟大的照片，然而两支摄影灯可以让你在用光上获得更大的灵活性。此外，当你有三支灯具可供支配时，你可以选择使用两支照亮被摄体，第三支照明场景的其他部分，比如背景。

之后，你很想给你的器材库增添更多的灯具。例如，我们认识的有些摄影师经常使用六支、八支甚至更多的摄影灯拍摄。显然，对于拍摄这种需要大规模用光的照片而言，装备这样的摄影棚变得非常昂贵。

然而幸运的是，在国内许多地方，你无需仅仅为了在这种大型布光场景中露上一手而搞得身无分文。这是因为有许多拥有大量照明器材的租赁公司，它们的服务范围之广令人惊讶。如果你真的很幸运，你甚至能够找到可供出租的全副武装的摄影棚，他们会很开心地租给你一块地方，你可以以合理的价格尝试多灯照明设置。

灯具支架

永远不要忽视拥有结实的、高质量的灯具支架的重要性。没有什么比这更令人不安或有可能付出更昂贵的代价了：由于灯架质量的低劣，它们在拍摄中摔倒并砸向你的拍摄对象（假如对象是人的话）或最佳客户的珍贵的产品原型，导致拍摄不得不终止。

明了这一点，记住在预算允许的情况下应始终购买质量最高、最结实的灯架。不只是站得更稳，避免摔倒造成尴尬，它们往往也更耐用、更经得起时间的考验。例如，我最喜欢的一套灯架已经使用了25年，但它们的质量仍像我刚买来时一样过硬。

你打算购买的灯架至少应该满足以下条件：它能够在更高的高度下支撑比常用灯头更重的灯头。你也可能想要购买带有车轮的灯架，这样灯架可以很方便地移来移去，哪怕灯架上安装了灯头和吊杆、配重之类的附件。

检查灯架的结构细节同样非常重要。它的撑脚是否能够提供稳定的支撑？在你想要调节支架的时候固定旋钮是否很容易拧开？反之，如果你想拧紧支架的时候它们是否足够牢固？灯架的任何零部件是否由太薄的金属或易碎的塑料制成？灯架是否能够应付艰苦而持久的工作环境？如果以上问题的回答有一个或多个是否定的，你恐怕应该考虑其他的灯架了。

最后，比较理想的方案是购买完全集成的、模块化的照明系统，目前有几家制造商提供这样的系统。包含在这种系统中的灯架的主要优点是，灯架上的所有组件都可以很容易地安装到各种各样的不同照明配置中。当你布置一个复杂的用光场景时，这种兼容性可以使你的工作更快捷、更方便。

吊杆

吊杆是一种重要的配件，我们建议你在第一轮购置时就应该入手。拍摄时，经常需要在被摄体上方悬挂一些器材，如灯头、柔光板、挡光板，使用吊杆通常是最好的方法。

有些吊杆是作为配件单独出售的，它通常被连接到灯架上使用。另一些则作为灯架和吊杆套装的一部分出售，这种套装的花费要远远少于分别购买吊杆和灯架的花费。

需要何种用光附件

不管你购买了什么样的灯具，总是要为它们配置合适的附件以充分发挥灯具的作用。对于特定的拍摄任务，这些附件能够创造出你需要的特定"光线"。有了这种认识，你就不会惊讶于你最终在用光附件上的支出比灯具上的支出要多，甚至多得多。许多摄影师，包括我在内，都是这么做的。

图11.3　这是我们拍摄本版教程封面的用光设置图。请注意，我们在被摄体一侧的灯头前使用了一块蜂巢板，另一侧的灯头前加上了黑色铝箔，以产生我们想要的照明效果。我们也在被摄体的后方设置了一块挡光板，以防止无关的光线照射到被摄体上。

柔光设备

正如我们在前几章中所看到的，柔化照明光线是摄影师获得所需效果的最重要的步骤之一。因此，柔光设备是最为广泛应用的一种用光附件。

因为柔光设备具有相当的重要性，所以毫不奇怪它们有各种不同的尺寸、形状和类型。对于你打算从事的摄影类型，哪一种柔光设备作用最大，只有你才能说得出来。因此，我们在此只提出一些关于柔光设备的一般性建议。

首先，毫无疑问，无论柔化何种类型的光线，柔光设备的尺寸是非常重要的。正因为如此，我们建议你购买的第一种柔光设备，无论是柔光伞、柔光板还是柔光箱，越大越好。"到底要多大？"你问。好吧，对于这个问题，没有人能够永远回答正确。不过，一般而言，我们建议你至少应购置一个柔光箱或其他类型的柔光设备，它们要比你将要拍摄的被摄体略大一些。

例如，如果你将要拍摄的静物大约0.6米见方，我们建议你使用的柔光装置至少应该0.9米见方。这种尺寸的柔光装置能够为前述大小的静物提供大量的"环绕"被摄体的柔化光线。

最初应该购买什么类型的柔光设备？这是我们经常被问到的另一个问题。我再次申明，没有标准的"正确"或"错误"的答案。就我个人而言，我更喜欢使用柔光箱。但当手头只有柔光伞时我也很乐意使用这种柔光设备。我也经常使用柔光板，既有大型的也有小型的。我购买了其中一些柔光设备，其他设备是我自己动手做的——它们要比我们想象的容易得多。

最后，要考虑质量——真正地考虑！当我开始从事摄影时，我的钱包不是一般的瘪，事实上它是平的。这意味着我别无选择，只能购买所能找到的最便宜的柔光设备。这就是我所做的。而且，至少在一段时间内，这些设备性能相当不错。

但是，很快我的廉价柔光伞和柔光箱开始散架了——是真的散架，难以计数的电工胶带和细绳把它们粘在一起。所幸正在此时，我向一位买家出售了一些照片，他愿意为这些照片支付更多的费用。我的钱包意想不到地鼓起来了，我冲到最近的摄影商店，购置了一些顶级质量的柔光设备。这是一个正确的决策。我可以高兴地告诉你们，有的柔光设备至今还在使用——这已经是四分之一世纪之后了。

反光板

有两个词可以用来形容反光板——"简单"和"有效"。从反光镜到泡沫板，以及蒙有不同色彩反光面料的反光板，每一种反光板都被用于摄影棚和外景拍摄中。我们经常使用上面提到的各种类型的反光板。

有几家公司生产的反光板可以折叠成较小的体积，以方便携带。此外，也有集反光板/柔光板于一身的型号出售。我们认识那些认为这种设备非常有用的摄影师。然而，不利的一面是高质量的型号价格往往相当昂贵。

如果你打算既在摄影棚工作，也到户外拍摄，我们建议你购买的任何反光板都应该配有坚固的把手。当你在户外拍摄有微风吹过时，这一功能能够使你更容易地稳住反光板。

束光筒和蜂巢板

当你需要集中光线照射场景中的特定部分时，束光筒和蜂巢板都能发挥重要作用。大多数厂商都会为自己制造的灯具提供这两种用光附件。

束光筒没有什么特别之处，它基本上只是一个安装在灯管前面的管子。它只允许光束的中心部分照射它所对准的被摄体。束光筒的长度和直径各不相同，价格相对低廉。选择哪一种束光筒取决于你想要获得多大的光束范围。

你也可以自己动手用较厚的黑色铝箔制作束光筒，这并不难。这种铝箔可从许多舞台和摄影用品商店买到。

蜂巢板，是带有蜂巢形开孔的金属或塑料屏。与束光筒一样，它们也是安装在灯管前面，其效果也与束光筒大致相同。然而，蜂巢板产生的光束中间明亮而四周柔和，明亮的光线会逐渐消失于四周越来越深的影调之中。

挡光板和旗形挡光板

这类附件包括任何不透明的物品，安放在光源和被摄体、背景或镜头之间。这些"光线阻隔器"的范围从小型、手持式的黑板到8英尺×10英尺（约2.4米×3米）或更大的平板不等。挡光板和旗形挡光板制作简易，我们经常用泡沫板或任何如画板之类的轻型不透明材料自己动手制作。

由纺织物制成的折叠式光线阻隔器也有不同的尺寸，其中一些可由布质柔光板充任。

背景

在每一幅照片上，背景都是重要元素。正因为如此，考虑为你的摄影棚添置何种背景是相当重要的。无缝背景纸可能是最实用，也是应用最广泛的摄影背景材料。

无缝纸价格较为便宜，除了黑色、白色和灰色，它还有许多种不同的颜色。使用无缝背景的最简单的方法，就是将它们悬挂在由两根重型支架支撑着的、可以旋转的横杆上。

许多绘制或印刷的设计、图案和场景图也可用作背景。有的背景具有独立的支架，而其他的背景则悬挂在用来支撑无缝背景纸的支架上。

此外，我们也在胶合板上绘制我们需要的图案，将之作为背景。最近我们在摄影棚中拍摄，摄影棚里用粗糙的木材、瓦楞状的金属片（图11.4）和仿制的砖块靠在墙壁上作为拍摄背景。

图11.4 一块明亮的瓦楞状金属片贴在摄影棚墙上，构成了一个富于吸引力的背景。在图8.34中可以看到类似的画面效果。

电脑及相关设备

如果你和我们认识的大多数摄影师一样，你会为你的摄影棚配备一台或多台电脑和显示器，以及各种各样的数据线、电缆和其他用来保持各种设备互相"交流"的装备。

上述设备的配置方法有很多种。我们喜欢用数据线将照相机连接到附近的笔记本电脑上，这样在拍摄时，我们就能够快速而方便地查看拍摄结果。我们也可以在摄影棚内使用更强大的桌面系统"编辑站"，这种设备与几个高密度的外部驱动器相连，我们通过它们处理和存储最终图像。

此外，我们认识的一些摄影师会在摄影棚的墙上安装大型平板显示器。这是非常有用的，它使得客户、艺术指导或其他客人能够很容易地看到你正在进行的工作。对我们的品位而言，这些设备显得有点繁琐了，但是你很可能会发现它对你和你的客户有不错的效果。

其他设备

除了我们已经提到的设备，有许多其他装备也是任何一个设备齐全的摄影棚的组成部分。它们包括以下物品：

- 放置各种工具和硬件的基本工具箱；
- 遮挡窗外光线的黑色窗帘；
- 椅子、沙发、桌子及其他"办公"家具；
- 不同种类和尺寸的夹子；
- 咖啡壶和迷你冰箱；
- 重型延长电缆；
- 给人造烟雾和头发吹风的风扇；
- 各种滤光镜，包括偏振镜、中灰镜和近摄镜；
- 灭火器，其中有的经过认证可用于电气火灾；
- 急救包；
- 手电筒；
- 用于捆扎物品的扎线带和电工胶带；
- 用于过滤光色和色彩校正的各种滤光片；
- 用于稳固支架的沙袋；
- 梯子；
- 安全结实的储物柜；
- 用于拍摄产品的台面和架子。

寻找合适的空间

当谈到摄影棚需要多大以及何种类型的空间时，我们还是没有固定的答案。我的一位合作者在一个废弃的电影院里建造了他的第一个摄影棚。我认识的一位成功的婚礼摄影师，把他家的客厅当做摄影棚。我在一个废弃的汽车修理厂里建造了我的第一个摄影棚。显然，这些空间各不相同，但每一个都运转良好。

当你为自己的摄影棚选择空间时，需要考虑的首要问题就是它的大小。根据我们自己的经验，我们建议你应该选择一个至少600到750平方英尺（54到67.5平方米）的空间，屋顶应该在12英尺（约3.6米）或更高。如果你打算拍摄更大的物体，如家具、摩托车或者集体照等，你将需要更大的空间。

不管你在考虑什么样的空间，一定要确保它的电气线路是充足的，或者能够以合理的价格重新安排。特别是要确保任何空间都应该有足够的电源插座，并且它们的线路连接没有问题。插头和金属灯架之间的不恰当的连接有可能是致命的。所以，除非你精通这些问题，否则还是雇用有资质的电工来帮忙。毕竟，在你即将开业时，你最不需要的事情是接到昂贵的、做梦也没有想到过的电气维修账单！

然后是小偷的问题。摄影棚内通常都摆放着各种昂贵设备，它们始终是窃贼觊觎的目标。因此应确保所有通向室内的门窗足够坚固，或者可以被加固。基于同样的考虑，在你搬进来之前安装好防盗报警系统，这不失为一个好主意。

防盗险，无论是为摄影棚还是为出外景购买的，都同样重要。此外，如果打算让客户或模特参观你的摄影棚，一定要在你的险种中添加责任险。你最不想发生的事情就是，任何人因为最重的灯具砸到他（她）的头上落下难看的疤痕从而对你提起诉讼！

现在，我们调整一下步伐，请回过头去看看本章的题图照片，然后阅读"我们如何运用本章题图的用光设置"内容。本版内容到此就结束了。这是我们最真诚的祝愿，无论你从中学习到什么有用的东西，你在光线、科学和魔术的精彩世界的冒险都是值得的——而且是充满乐趣的——正如我们曾经历过的一样。

最后，我们非常感谢你对本书的兴趣，愿好运永远伴随你的一切摄影事业。

图11.5 　 这张图片显示的是一个典型的中型摄影棚。请注意它天花板位置较高，可以让我们将光源设置在模特上方但又与模特保持一定距离，这样我们便可以获得所需的特定视觉效果。

我们如何运用本章题图的用光设置

　　我们用本章开卷照片中的用光设置拍摄了一系列照片，这是其中一张（图11.6）。拍摄这张照片使用了三个光源。

　　我们的第一个也是主光源是一个大型柔光箱。我们在主光源前放置了一块大型柔光板，并靠近我们将要拍摄的花朵，以进一步柔化光线。接着，我们把一支闪光灯放到背景后面，并使之朝向天花板以反射光线。我们第一次将它的功率调得非常低。我们的第三个光源是加有蜂巢板的聚光灯。我们把它放在柔光屏的后面照向柔光屏，并使大部分会聚光束都照在花朵上。

图11.6 　 花卉静物摄影的用光技术，与我们在第8章中拍摄的部分人像照片的用光相似。

　　你现在可能已经注意到了，上面的照明方法是我们在第8章图8.36、图8.37以及图8.38A和图8.38B中演示的"柔和的聚光照明"技术的变种。这一案例清楚地表明，适用于某一类型被摄体的用光技术对于拍摄完全不同的被摄体很可能同样适用。

图书在版编目（ＣＩＰ）数据

美国摄影用光教程 ：第5版 / （美）亨特
(Hunter,F.)，（美）比韦（Biver,S.），（美）富卡
(Fuqua,P.）著 ；杨健，王玲译. -- 北京 ：人民邮电出
版社，2016.4（2022.2 重印）
ISBN 978-7-115-41649-0

Ⅰ．①美… Ⅱ．①亨… ②比… ③富… ④杨… ⑤王
… Ⅲ．①摄影光学－教材 Ⅳ．①TB811

中国版本图书馆CIP数据核字(2016)第016930号

版权声明

内 容 提 要

本书以丰富的案例和实践指导，为读者全面提供了有关光线的特性和用光原则的理论。书中包含大量精彩作品和布光示意图，并加以详细的步骤指导。对于如何为那些最为困难的被摄体—如各种性质的表面、金属物体、玻璃制品、液体、极端情形（黑对黑和白对白）、人像等—进行用光，本书也提供了全方位的指导。

新版本增加了全新章节"建立第一个摄影棚"，重新修订并扩充了第8章"表现人物"，提供了超过100幅新照片和信息栏，更新了有关闪光灯、LED 灯板和荧光灯的最新信息等内容。

本书适合专业摄影师以及摄影爱好者阅读，也可作为摄影艺术专业课程的教材。

♦ 著　　　[美] Fil Hunter　Steven Biver　Paul Fuqua
　　译　　　杨 健　王 玲
　　责任编辑　李 际
　　执行编辑　杨 婧
　　责任印制　周昇亮

♦ 人民邮电出版社出版发行　　北京市丰台区成寿寺路 11 号
　　邮编 100164　　电子邮件 315@ptpress.com.cn
　　网址 http://www.ptpress.com.cn
　　临西县阅读时光印刷有限公司印刷

♦ 开本：787×1092　1/16
　　印张：12.5　　　　　　　　　　2016年 4 月第 1 版
　　字数：386 千字　　　　　　　2022年 2 月河北第 27 次印刷
　　著作权合同登记号　图字：01-2015-6987 号

定价：69.00 元
读者服务热线：(010)81055296　印装质量热线：(010)81055316
反盗版热线：(010)81055315
广告经营许可证：京东市监广登字 20170147 号